U0247362

生成 AI の核心　「新しい知」といかに向き合うか

生成式AI的革命

人类应如何直面"新知识"

[日] 西田宗千佳 著

李立丰 译　宋婷 校

中国出版集团
東方出版中心

图书在版编目（CIP）数据

生成式AI的革命：人类应如何直面“新知识”/（日）西田宗千佳著；李立丰译. -- 上海：东方出版中心，2024. 8. -- ISBN 978-7-5473-2469-1

I. TP18

中国国家版本馆CIP数据核字第20247B6R96号

SEISEI AI NO KAKUSHIN “ATARASHII CHI” TO IKANI MUKIAUKA
Copyright ©2023 Nishida Munechika
Chinese translation rights in simplified characters arranged with NHK Publishing, Inc. through Japan UNI Agency, Inc., Tokyo
Simplified Chinese translation copyright©2024 by Orient Publishing Center
ALL RIGHTS RESERVED

上海市版权局著作权合同登记：图字09-2024-0480

生成式AI的革命——人类应如何直面“新知识”

著　　者　[日]西田宗千佳
译　　者　李立丰
校　　者　宋　婷
责任编辑　陈哲泓　时方圆
装帧设计　陈绿竞

出 版 人　陈义望
出版发行　东方出版中心
地　　址　上海市仙霞路345号
邮政编码　200336
电　　话　021-62417400
印 刷 者　上海万卷印刷股份有限公司

开　　本　890mm×1240mm　1/32
印　　张　6
字　　数　96千字
版　　次　2024年9月第1版
印　　次　2024年9月第1次印刷
定　　价　59.80元

版权所有　侵权必究

如图书有印装质量问题，请寄回本社出版部调换或拨打021-62597596联系。

目 录

前　言

科技发展，一次次改变着这个世界。不过，相当数量的技术创新横空出世，结果却让人大跌眼镜，更有大量研究成果昙花一现，最终未能照进现实。

20 世纪 40 年代，曾有一种观点认为：“全世界只需要五台计算机就足够了。”当时的人们相信，计算机体积庞大且维护成本高昂，只有政府和大型企业才有使用需求，因此其数量绝对不能太多。

“这电话太难用了，根本没办法通过实体按键操作。”“不把嘴巴靠近麦克风，就很难让接电话的人听清楚你在说什么。”

2007 年 iPhone 问世时，有人对其不屑一顾，认为“智能手机不可能流行起来”。

显而易见，上述看法都大错特错。计算机以个人电脑的形式在全世界范围内走入寻常百姓家，智能手机更成为人手必备的寻常之物。带实体按键的移动电话，反倒成了稀罕物。

对于生活中接触不到的崭新事物，大多数人会将信将疑。实际上，态度保守也没什么坏处，毕竟大多数新生事物都只是昙花一现。但是少数幸存下来的发明创造确实能以远超人类想象的方式普及开来，融入我们的生活，并不断发展进化。计算机及其最新形态——智能手机，就是最好的例证，如今已被应用于各行各业，成为必需品。

一方面，出现在科幻小说中的脑洞科技，大多仍停留在纸面。代表性的例子就是模仿人类行走的辅助型机器人。描写过人形机器人的科幻小说可谓不胜枚举。但其中大书特书的“能力与人类相当或超过人类的通用型人工智能”，依然只是虚构的小说情节而已。

但很少有科幻作品精准预测到个人电脑和智能手机能够如此普及。有些虽然猜中了一部分，但显然对如此夸张的依赖程度缺乏心理准备。另一方面，许多科幻小说中都描述了人形机器人的巨大作用，但现实没有跟上小说里的描述。而科幻小说中的机器人之所以被作者创造出来，可能是因为作者可以在“人类”的基础上进行思考和描绘，从而更容易激发出想象力。

但现在，出现在我们眼前的，是一种此前仅出现在小说中的特殊存在。“具有十分接近于人类水平的人工智能”正在成为现实。其特点与科幻小说中描绘的通用型人工智能有所不同。不过，凭借这种科技手段生成的句子和图像与大多数使用者对“人工智能”——即 AI（Artificial Intelligence）一词——的想象十分接近，而这预示着其很可能成为人类生活中的重要辅助工具。

如后所述，人工智能的进化实非不期而至，但其进化速度之快却肉眼可见。数十年间的反复试验，加之计算机性能的显著提高，二者完美融合，到 2022 年初，能够“看文作画”的人工智能模型开始大放异彩。随后，可以生成接近人类水平文本信息的 ChatGPT[1] 应运而生。

计算机正以超过想象的速度迭代进化。通过最大限度地利用计算机的能力，能够生成精美的画作，并以接近人类的精确度生成文章的“生成式（Generative）AI”正在开始显露真容。如今的我们仿佛正在目睹“梦想之物”龙吟出世的绚烂瞬间。

6

难以预料的潜能与显而易见的短板交织互见，成为最近甚嚣尘上的“生成式 AI 热潮”的一大特点。

---

1 聊天生成预训练转换器（Chat Generative Pre-trained Transformer），简称为“ChatGPT”，属于人工智能技术驱动的自然语言处理工具，能够基于在预训练阶段所见的模式和统计规律生成回答，还能根据聊天的上下文进行互动，真正像人类一样聊天交流，甚至能完成撰写论文、邮件、脚本、文案、翻译、代码等任务。本书脚注均为译者注。

一方面，作为“生成式 AI”典型代表的 ChatGPT 只要获取到以文字形式下达的命令就能开始工作，而且其生成的结果堪称简单明了。但另一方面，ChatGPT 的应答中仍然时有错误。要想了解其成因，就必须搞清楚相关技术原理，否则便很难明白个中原委。

如今的“生成式 AI”并非“和人类一样思考的 AI”，但仍能比人类更快、更多地生成文书和图像。不可否认，类似的人工智能会对我们的生活、工作、学习产生影响。如此说来，此类技术创新又会具有何种现实价值呢？

“生成式 AI”为何会出现？其与人类（的思维方式）有何区别？“生成式 AI”将会如何改变我们的生活和工作方式，又会催生出怎样的新型产业？国家之间的均势是否也会因此失衡？

为了考察各方观点，下面将从梳理目前正在发生的事态开始讨论。

7

又及，除明确标注引文来源的部分外，相关人士的评论均出自笔者的直接采访记录。

第一章

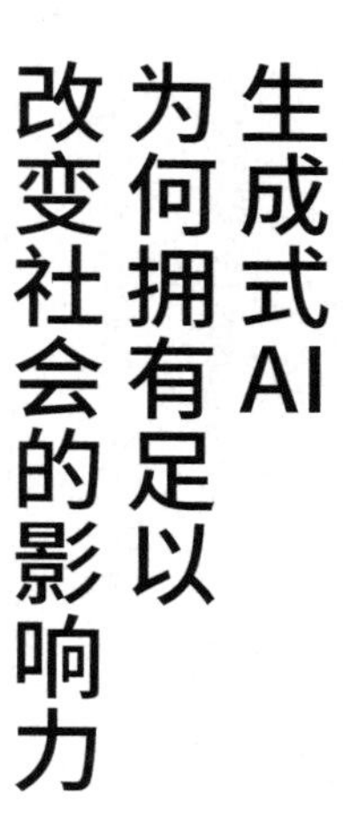

生成式AI为何拥有足以改变社会的影响力

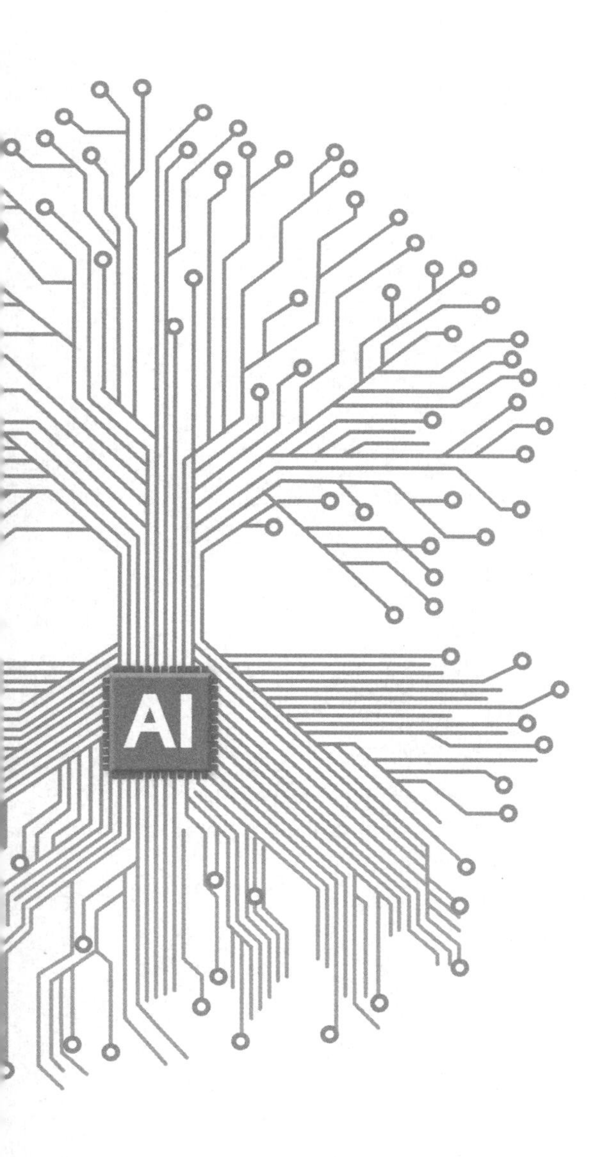

“社会现象级”的 ChatGPT

2022 年 11 月 30 日，美国展开了一项名为“ChatGPT”的网络服务公测。此项服务，由一家名为 OpenAI[1] 的公司提供。虽然现在可谓全球瞩目，但当时可能只有持续追踪 AI 和 IT 前沿的人士才对这家互联网企业有所了解。令人惊讶的是，上线后不久，ChatGPT 及其开发者 OpenAI 便声名鹊起。服务启动不到两个月，2023 年 1 月，其用户数量就突破一亿，增长速度之快，在被之后 Meta[2] 提供的社

---

1 OpenAI，最早为非营利组织，于 2015 年底由埃隆·马斯克等人创办，随着 2018 年马斯克的退出以及大模型对资金超乎预期的需求，2019 年 3 月，OpenAI 从非营利性转变为“封顶”的营利性，以大模型为核心开创了 AI 领域的新一轮创新范式，成为通用人工智能领军企业。

2 Meta，为“元宇宙”（Metavevse）的首字母，原名为“脸书”（Facebook），创立于 2004 年 2 月 4 日，著名互联网社交媒体平台公司。

交应用程序 Threads[1] 反超之前，可谓前无古人。

为什么 ChatGPT 会备受关注？现在大家可能都很清楚了。输入文本后，这个程序能根据内容或指令，实时反馈高质量的应答。而且，用户还可以针对这些应答进一步发问，继续与程序互动对话。

不仅仅是简单应答问题，从内容列表到长文创作，从指令下达到程序编写，ChatGPT 似乎能够完成一切“人类能做之事”。

15

而这种能力，与许多科幻电影刻画的“人工智能”颇为相似。

由此，以 ChatGPT 为核心的“生成式 AI”热潮加速酝酿。在传统媒体与网络商业新闻中，几乎每天都能看到“生成式 AI”的字眼，俨然成为这一互联网技术门类的代名词。

在这个意义上，用“流行”来形容 ChatGPT 已显不足，更为恰当的表述方式，恐怕只能是“社会现象”。

生成式 AI：文本之前，用“画”出圈

在 ChatGPT 出现的一年多之前，“生成式 AI”这个概

---

1 Threads，Meta 推出的应用软件，于 2023 年 7 月 5 日上线，与推特直接竞争。

念就已经开始为人所知。彼时，这个概念又何以成为街谈巷议的焦点话题呢？

风潮的引领者，依旧是 OpenAI。2021 年 1 月，这家公司发布了一项名为“DALL-E”[1]的网络服务。借此，用户可以通过文字命令生成图片，比如输入“在茫茫草原中的孤树边站着的女性”，系统就会自动绘制与描述相符的图片。即使是不擅长绘画的外行，也能通过文字命令生成精美画作。这给当时的人们造成了巨大的冲击。但显而易见，由于 DALL-E 支持的画风有限，如若仅仅凭借这一成果，此次技术热潮的话题热度想必不会持续太久。

16

次年 7 月，随着 Midjourney[2] 的发布，相关讨论再次成为头条，因为这项 AI 绘图工具能够根据简单的语言命令绘制出更多样化、更真实的画作。

紧接着，同年 8 月，Stable Diffusion[3] 以开源形式发

---

1 DALL-E，Open AI 于 2021 年 1 月份推出的可以根据书面文字生成图像的人工智能系统，名称源于著名画家达利（Dalí）和电影《机器人总动员》（*Wall-E*）。

2 Midjourney，2022 年面世的 AI 绘画工具，只要关键字，就能通过算法生成相对应的图片，其特点是可以选择不同画家的艺术风格，还能识别特定镜头或摄影术语。有别于 OpenAI 的 DALL-E, Midjourney 是第一个快速生成 AI 制图并开放予大众申请使用的平台。

3 Stable Diffusion，一款 2022 年发布的支持由文本生成图像的人工智能绘画工具，主要用于根据文本描述生成对应图像的任务。

布（开源意味着任何人都可以免费地自由修改并二次开发其源代码），讨论进一步升级。相比之下，DALL-E 和 Midjourney 并未公开项目源代码，也没有公开 AI 学习绘画的内容和过程。然而，Stable Diffusion 作为开源项目，不仅公开了软件部分，还公开了学习数据。这意味着人们能以其为基础进行改进和完善，开发自己专属的“AI 绘画工具”。

随着 Midjourney 和 Stable Diffusion 的相继发布和迅速推广，“生成式 AI 绘画”的概念迅速普及。即使并不擅长绘画的素人也能绘制出精美的画作。甚至 AI 本身还可以通过学习特定画师或名家风格的“画风”，来生成接近其绘画风格的美术作品。

更重要的是，这种 AI 绘画创作效率比人手绘更高，产量更大。不仅是传统的绘画或插图，甚至连类似于照片的还原也不在话下。这种技术变革，必然将引起我们对人类与其所创造的对象之间关系的深刻反思，对此我将会在后文加以详述。

关键在于，所谓的 ChatGPT 等生成式 AI 工具之所以能引发如此大的回响，皆因此前就有“生成式 AI 绘画”的话题预热。此去经年，通过以 AI 为代表的软件替代人类的工作和任务的想法早已存在。然而，对大多数人来说，根深蒂固的想法可能仍然是“AI 做事是比不上人类的”。

18

虽然真正了解 AI 技术及相关原理的人不多，但“AI 将取代人类的工作”“AI 将人类从繁重的劳动中解放出来”这些想法，依然被视为不太现实且只有在遥远的未来才有可能发生。然而，随着生成式 AI 的应用场景不断扩展，“AI 达到人类水平”已经不再是空想，甚至对所有人来说都一目了然。只要稍微试用一下这些服务，其中蕴藏的潜在价值可谓一见即明。

面对这种变化，又该如何应对呢？近来，在个人、企业乃至政治等多个维度的讨论突然开始甚嚣尘上。

ChatGPT 的革命：用户界面

以 ChatGPT 为代表的生成式 AI 通常被称作“对话式 AI”。从技术上来讲，属于一种“使用大语言模型的 AI 用户界面”。AI 所指代的“人工智能”一词内涵极为广泛，虽然本书将在第二章详加阐释，但这里需要牢记的是，所谓的生成式 AI，仅是作为整体的 AI 技术的组成部分之一。

19

生成式 AI 的底层技术，当属“大语言模型”（Large Language Model, LLM）。使用这一技术，人类可以“与其对话”，作为技术核心的处理系统，负责问题的生成与应答。基于大语言模型的生成式 AI 技术具有划时代的革命性。更重要的是，这种技术的使用方式极其简单：通过文本命令，任何人都可以利用其执行复杂的任务。而这也被视为导致 ChatGPT 和 Midjourney 一跃成为社会现象的要因之一。

尽管给人一种“智能”的印象，但生成式 AI 并不拥有真正意义上的智能，而应被视为一种基于统计处理的文本和图像生成工具。虽然通常用来应答提问，但生成式 AI 与传统的搜索引擎并不是一回事。后文将对此详加说明，但这里，为了“易于理解”，暂且将其与搜索引擎相提并论。

在搜索引擎的应用场景中，用户通常会以输入分隔开的关键词的形式表达所询问的内容，如“生成式 AI　作用机制”或“嫩滑煎蛋　制作技巧”。

与其不同的是，使用生成式 AI 时，通常要输入完整的句子来提出问题。

多少出人意料的是，通过特定设问以得到预期答案，其实颇有难度。特别是在使用“单词”，“以单词的形式检索希望了解的问题”时，必须选取出恰当的单词才能获得满意的结果。

如果可以使用完整句子进行提问，检索或许会变得更加轻松。

事实上，使用句子检索的情形并不罕见。虽然在日本，大多数人习惯使用关键词，但在欧美，使用句子检索的用户正在逐渐增加。

这种差异或许受到语言因素的影响。在日本，之所以不太使用“整句检索”，可能是因为这样会降低检索精度。但在英语环境下，即使是以句子形式书写，词与词之间也有空格，和使用传统检索方式相比，精度并不会出现大幅下降。但日语因为不使用“分词”符号，缺乏对输入的句子进行分析并提取关键词的技术，很难以简单的形式进行句子检索。

此外，搜索引擎和生成式 AI 在筛选信息的过程方面也存在差异。

传统检索模式下，往往需要先查看检索结果，然后再重新组织关键词，以寻找更满意的答案。但在使用 ChatGPT 时，服务器会记住用户之前的聊天内容，用户可以基于这些内容进一步提问，如“请详细说明这部分”或“那么换个角度询问这个问题的话该如何应答”。

这种在对话中整理信息的“助手”角色，与传统的搜索引擎截然不同。发生变化的，不是被检索的信息，而是访问和展示信息的方式，而这正可谓“用户界面的革命”。

LLM：量变引发质变

可以说，这场革命，是由生成式 AI 的重要功能之一，即“解读文本并返回相应的内容”所引发的。实现这一点的关键技术，便是“大语言模型”。作为生成式 AI 的代表，ChatGPT 属于 OpenAI 旗下的“GPT”系列产品。

22

作为“Generative Pre-trained Transformer”的缩写，GPT 可被理解为“基于互联网的、可用数据来训练的、文本生成的深度学习转换模型”。大语言模型，属于一种从大量文本中学习的语言模型，而其使用的核心技术，便是所谓“转换器”（Transformer）。

“转换器”的概念，借助 2017 年 6 月发表的科技论文《你需要的仅仅是关注》（“Attention Is All You Need”）而广为人知。这篇论文主要介绍了提高翻译效率的具体方法。虽然本书第二章还将有所涉及，但简单来说，“转换器”的工作机理就是通过参考重要性来找到应该关注的单词，进而理解相关单词的含义。翻译本是 AI 的基本用途之一，与此同时，借着上述本来用于 AI 翻译的转换器，极大提升了人工智能本身的运行效率。

借助"转换器"这一底层技术，只要能构建起有能力处理并行计算[1]的巨大系统，就可以运行更具深度学习功能的大语言模型。之所以觉得现在的大语言模型变得"更聪明"，正是拜规模引发的质变所赐。一旦大语言模型的学习规模超过某个"阈值"，就会突然显现出极高的"智能"水准。OpenAI 公司旗下的大语言模型，如 2020 年开发的 GPT-3 便已显示出明显的高"智能"，而目前使用的 GPT-4 规模更大，成了更"聪明"的 AI 工具。

《你需要的仅仅是关注》一文的第一作者阿西斯·瓦斯瓦尼[2]在撰写论文时还隶属于谷歌公司的 AI 部门谷歌大脑[3]。但在 2021 年秋，这位大神挂冠而去，加盟人工智能行业的某家创业公司。因此，率先使用基于"转换器"的大语言模型的谷歌在同行中抢得了先机。这家互联网巨头在 2018 年发布了以"转换器"为底层技术的自然语言处理模

---

1 并行计算（Parallel Computing），或称平行计算，是相对于串行计算来说的。作为一种一次可执行多个指令的算法，"并行计算"的目的是提高计算速度，通过扩大问题求解规模，解决大型而复杂的计算问题。所谓"并行计算"可分为时间上的并行和空间上的并行，时间上的并行就是指流水线技术，而空间上的并行则是指用多个处理器并发的执行计算。

2 阿西斯·瓦斯瓦尼（Ashish Vaswani），印度裔美籍计算机科学家，因其在人工智能和自然语言处理领域的重大贡献而知名。

3 谷歌大脑（Google Brain），谷歌深度学习与人工智能科研项目团队，起源于斯坦福大学与谷歌公司的一项联合研究项目。

型“基于转换器的双向编码器表示技术”[1]，并在 2019 年 10 月开始将其应用于英语检索，显著提升了基于长自然语言的检索精度。2023 年，谷歌公司进一步发布全新一代大语言模型“PaLM 2”。

然而，真正推开对话式人工智能世界大门的，仍然是 OpenAI，该公司在 2018 年发布了 GPT-1，2019 年发布了 GPT-2，并在 2022 年 11 月发布了 ChatGPT。该模型最初使用的是 2022 年发表的 GPT-3.5 版本，后来升级到了更先进的 GPT-4 版本。

24

借由量变引起质变，并使用“聊天”这一简单易上手的用户界面提供服务，OpenAI 在生成式 AI 领域拔得头筹，为此后的迭代升级赢得了先机。正因如此，常有人说“在生成式 AI 方面，谷歌落得下风”。

跨越语言障碍的 LLM

生成式 AI 的另一项革命创新在于不仅仅支持英语，还兼容包括日语在内的多种语言。这一点对日本人来说尤

1 基于变换器的双向编码器表示技术（Bidirectional Encoder Representations from Transformers, BERT），用于自然语言处理的预训练技术，由谷歌公司提出。2018 年，雅各布·德夫林和同事创建并发布了这一技术，主要被用来更好地理解用户搜索语句的语义。

为重要。2022 年夏，虽然 Midjourney 和 Stable Diffusion 等项目进行得如火如荼，但其知名度主要局限于对技术和插画感兴趣的特定人群，因为使用这些服务所需要的指令[1]基本上限于英语。对于不擅长英语的用户来说，相关技术的使用门槛较高，因此未能在日本迅速普及。

然而，ChatGPT 与众不同，OpenAI 使用的大语言模型，如 GPT-3.5 等，能够理解日语，因此可以用日语发出指令并得到日语回复。而且，如果键入“请将应答翻译成英语”的要求，系统还能将答案重新用英语表达，几乎可以当作翻译服务使用。

大多数信息服务都是以用户较多的英语圈作为起点。但使用大语言模型的生成式 AI 已经打破了语言障碍。实际上，在 ChatGPT 之后，其他大公司发布的生成式 AI 服务几乎都提供多语言服务，让任何人都可以去尝试并使用。

日本国内翻译服务行业的领军人物，未来翻译[2]的 CEO 兼 CTO 鸟居大祐表示：“即便是从专业翻译服务的角

---

1 指令（Prompt），J 语言中的提示命令，主要用处是显示提示对话框，可分为答案提示型与任务提示型两大类。

2 未来翻译（みらい翻訳），成立于 2004 年的一家日本高科技企业，主要从事人工智能辅助翻译服务，大股东为日本电信电报会社（NTT）。

度来看，通用大语言模型也做到了‘跨越语言障碍’，这令人非常惊讶。”

AI 翻译，例如进行英语和日语之间转换的 AI，主要通过输入大量的英日对照文本并从中学习来实现翻译功能。当前 AI 翻译的精度正在迅速提高。生成式 AI 和 AI 翻译存在差异，但在翻译领域，目前使用人工智能的翻译工具的精度仍然具备一定优势。

26

虽然目前在翻译领域还处于劣势，但大语言模型具备处理多种语言的能力，足以打破语言壁垒，这件事本身就具有极其重大的意义。

而且，大语言模型所具备的打破语言壁垒的能力，似乎只是一个“结果”，而不是从一开始就预设好的目标。大语言模型从互联网上的大量文档和公开论文中学习语言，其中就包括不少非英语信息。学习过程中，“以英语为中心，但也涉及相关的其他语言信息”，该进程一旦达到特定阈值，就能够产生超越语言壁垒、高精度响应命令提示的“结果”。

这也彰显出大语言模型的一个关键特征：“规模带来变革，量变引起质变。”其超越语言壁垒的能力不仅是规模影响的一个重要例证，也与我们的日常生活紧密相关。

OpenAI 与微软公司的合作

OpenAI 最初作为一家非营利组织，于 2015 年由现任主席塞缪尔·奥尔特曼（Sam Altman）和埃隆·马斯克（Elon Musk）出资成立。随后，马斯克退出了管理层，并开创了自己的 AI 开发公司。

塞缪尔·奥尔特曼出生于 1985 年，成长于密苏里州的圣路易斯，从小就对计算机感兴趣，后来在斯坦福大学主修计算机科学。2005 年，19 岁时，奥尔特曼创立了自己的第一个应用开发公司 Loopt，并从此在科技企业的投资等领域持续活跃。

奥尔特曼创立 OpenAI 的初衷是利用大语言模型开发出与人类智力相匹配或超越人类智力的通用人工智能（General Artificial Intelligence, AGI）。通用人工智能是指能够处理多种不指定任务并具有人类级别思维和创造力的人工智能，虽然通用人工智能的具体定义比较模糊，但在 2010 年代以后，随着 AI 技术的加速发展，对其可行性的探索研究也在逐步推进。

全球范围内，存在数家以开发通用人工智能为终极目标的研究机构，谷歌的母公司 Alphabet 旗下的 DeepMind[1]

1 DeepMind，由人工智能程序师兼神经科学家戴密斯·哈萨比斯（Demis Hassabis）等人联合创立的谷歌旗下前沿人工智能企业。其将机器学习和系统神经科学的最先进技术结合起来，建立强大的通用学习算法。

就是其中之一。DeepMind 以开发首个击败人类职业围棋棋手的 AlphaGo 而闻名。本书第二章将对 AI 开发与当前的生成式 AI、通用 AI 的关系详加说明，但简而言之，OpenAI 也被认为是一个“前景光明的研究机构”。[28]

2019 年，OpenAI 成立了营利部门“OpenAI LP”，这一架构一直延续到了现在，并在当年从微软获得了 10 亿美元的风险投资。2022 年 7 月，OpenAI 发表了绘画 AI“DALL-E2”，同年 11 月发布了 ChatGPT。随后在 2023 年 1 月，微软又追加 100 亿美元。[29]由此，微软取得了 OpenAI LP 49% 的股份。

像 GPT 这样基于转换器的大语言模型需要巨大的并行计算系统才能实现操作和学习。目前，OpenAI 的系统运行依靠微软的云计算操作系统，从资金和系统两方面，OpenAI 都高度依赖微软提供的算力。微软则从 OpenAI 获取技术供应，并从他们的研究成果中开发出了 Bing 聊天检索。此外，微软还计划将其技术集成到几乎所有微软产品中，如 Windows 11 和 Microsoft 365 等。

什么是“Bing 聊天检索”

在微软的上述战略布局中，影响最为深远的，莫过于 Bing 聊天检索服务的发布。微软上线 Bing 聊天检索服务是在 2023 年 2 月 7 日（美国时间），距离 OpenAI 发布 ChatGPT 仅过了大约两个月。而且，其间还穿插了圣诞节和新年假期，因此实际间隔的时间可能更短。

30

Bing 聊天检索基于 OpenAI 提供的大语言模型，即 GPT−4 构建而成。但二者并不是一回事。毕竟后者只能算是一个大语言模型，而非搜索引擎。

大语言模型基于预先学习的内容来应答提问。GPT−4 的学习数据截止到 2021 年 9 月，之后的信息无法囊括在内。因为大语言模型的训练需要大量的时间和算力。与搜索引擎不同，网络上发布的信息不会立即出现在其数据库中。而因为学习到的信息到“2021 年 9 月”为止，所以虽然可以用作检索服务，但作出的应答可能不够准确。

另一方面，Bing 聊天检索虽然基于预先学习所掌握的语言能力，但通过组合另一种机制来提供检索服务。Bing 聊天检索中加入了 GPT−4 和微软自己的独门 AI 技术“普罗米修斯”（Prometheus）。

简单来说，Bing 聊天检索提供的是“由生成式 AI 代替人类在搜索引擎上进行网络检索，并将答案重新整理成文本”的检索服务。

31

首先，从输入的文本中生成“检索关键词”。然后进行网络检索，得到的信息被 GPT−4 阅读并重新整理成文本。因此，与传统的网络检索不同，答案不是简单罗列，而是用生成式 AI 应答的方式以文本形式呈现。如前所述，生成式 AI 是从学习的内容中生成答案。但是，生成式 AI 的任务从“生成答案”转变为“利用新的信息重新构造文本，整理网络检索的信息”，从而赋予生成式 AI 本不存在的“网络检索”能力。这种检索方法后来也被 OpenAI 和谷歌采用。

此外，像 ChatGPT 这样的生成式 AI 的缺点在于“不知道答案的依据在哪里”。答案是否正确最终还是人来判断。无论传统搜索引擎还是聊天检索都是如此。在这种情况下，如果没有答案来源的展示，就无法对 AI 生成的答案正确与否进行判断。

因此，Bing 聊天检索会在生成的文本中嵌入答案来源的信息和链接，为人们提供判断材料。在生成的文本中可以看到答案信源的超链接。也正是因为 Bing 聊天检索代替人类进行网络检索并阅读整理信息，所以能够在输出的内容中实现这一功能。

32

Bing 聊天检索在发布后以公测的形式开始，逐步积累用户。首次公测在 48 小时内有超过 100 万人注册，社交媒体充斥着使用者的反馈。像 ChatGPT 一样，微软提供的 AI 服务也成功转化为一个热门话题。

生成式 AI 进入日本：微软的助力

微软与 OpenAI 的合作对当前日本引入生成式 AI 技术产生了巨大影响。

自从 ChatGPT 突然爆火后，领军企业纷纷引入基于 ChatGPT 的生成式 AI。当然，生成式 AI 本身也存在许多问题，对此将在本书第二章加以详述，但目前的情况是，许多公司在明知生成式 AI 存在问题的情况下仍决定尝试使用。凡举几例，松下、倍乐生[1]、大和证券、三井住友金融集团等具有较为传统形象的大企业也在考虑引入。甚至东京都、神奈川县横须贺市、长野县饭岛町等地方自治体都处于试点引入或考虑引入的阶段。

日本各组织大举引入生成式 AI 的背后动因之一是，OpenAI 公开了其用于服务开发的应用程序编程接口[2]的付费使用许可，而微软则在其云服务 Azure 中支持使用 GPT-4 等。当企业和自治体使用这些服务时，对数据的处理需要格外谨慎，需要防止输入的数据中的机密信息外泄，还需要根据自己的需要优化学习内容。

---

1 倍乐生（Benesse），日本著名教培机构。

2 应用程序编程接口（Application Programming Interface，API），是一些预先定义的函数，目的是提供应用程序与开发人员基于某软件或硬件得以访问一组例程的能力，而又无需访问源码，或理解内部工作机制的细节。

开发上述功能需要与这些组织既有的企业系统进行配合，且他们与微软的合作具有重要意义。因为微软在日本有长期的业务经验，并与大企业及官方机构关系深厚，这使得企业更容易引入生成式 AI。微软针对其生成式 AI 服务，计划在 2023 年 8 月底前加入日本政府设定的安全评估系统，即综合业务管理接入协议[1]，并已于 7 月底通过了相关审计。

34

虽然谷歌、亚马逊和国内的云服务企业也在推动生成式 AI，但 OpenAI 与微软的快速扩张确实发挥了作用，目前看来，形势对微软较为有利。

这一点也体现了微软与 OpenAI 关系的高度战略性。微软从早期就看到了生成式 AI 的潜力，并对 OpenAI 进行了大量投资，目前来看，这一决策似乎是正确的。

为什么谷歌公司落后于 OpenAI

当前 AI 的技术风潮无疑由 OpenAI 和微软引领。但如前所述，首次提出“基于转换器的大语言模型”理念的，却是谷歌。

35

与 OpenAI 潜心开发 GPT 一样，谷歌也在开发多种自

1　综合业务管理接入协议（ISMAP），一种通信网络授权互鉴系统。

然语言处理技术，其中包括 2018 年的 BERT 和 2021 年的 LaMDA[1]。尤其是后者，在 2021 年 5 月的开发者大会上首次发布，被广泛认为性能接近 GPT。

然而，谷歌并未将 LaMDA 像 ChatGPT 那样以任何人都可以使用的服务形式加以整合和公开，而其对外的解释是对其正确性和安全性的评估表明，“尚未到公开的阶段”。

谷歌这样做的结果，反例让 OpenAI 捷足先登。更具讽刺意味的是，2023 年 2 月 6 日，谷歌在法国巴黎举行了一个关于网络检索服务的发布会。会上，谷歌展示了利用 LaMDA 升级版的聊天 AI“Bard”。

然而，Bard 并未引起太多关注。其被次日微软发布 Bing 聊天检索的新闻掩盖。

36

风头被盖过的原因很简单：尽管谷歌发布了 Bard，但同时宣布将“在经过慎重测试后再进行公开”，因此没有使其变成大众都能接触到的产品。

Bard 的测试在 2023 年 3 月开始，仅在美国和英国等

---

1 语言模型对话应用（LaMDA），面向对话的神经网络架构，可以就无休止的主题进行自由流动的对话。它的开发是为了克服传统聊天机器人的局限性，传统聊天机器人在对话中往往遵循狭窄的、预定义的路径，而其参与曲折对话的能力可以为技术和新类别的应用程序提供更自然的交互方式。

英语国家公开，日本在5月才能使用。7月起开始支持四十多种语言的检索服务。

有观点指出，Bard存在完成度问题。但就服务的现状来说，ChatGPT与Bard在答案的质量和精确度方面存在差异是不可避免的。虽然ChatGPT也存在许多问题，但不断进化的性能也使其应答的可靠性一直在提升。两者都在日复一日不停进化，因此很难基于其初始状态判断优劣。

但显然，谷歌在生成式AI聊天服务方面的策略束手束脚。这导致OpenAI和微软采取了以速度优先的策略，并借此拔得头筹。

笔者认为，“生成式AI创造的用户交互变革”仍有前途。当生成式AI的引擎被整合到智能手机和智能音箱时，会引发更为戏剧性的变革。

37

目前，通过语音输入技术，即使不输入文字也能进行检索。但在语音检索的情况下，关键词检索变得十分不自然。如果能像与机器交谈一样检索是否会效果更佳？实际上，安装了ChatGPT或Bing聊天检索的智能手机，业已实现了上述功能。

当前，如果不使用应用程序，无法进行生成式AI的检索操作，所以一般这些体验仅限于对技术感兴趣的人。

但如果未来智能手机操作系统自带的搜索功能与生成式 AI 强强联手，可能会大幅改变现状。

生成式 AI 带来的网络检索变革给智能手机打了一剂强心针。然而，谷歌却仍在踌躇不前。

谷歌高层口中的“生成式 AI 战略”

为何谷歌在服务公测方面犹豫不决？在生成式 AI 领域，OpenAI 显然已取得领先，谷歌又是如何看待自己所面临的尴尬处境呢？

2023 年 5 月，本书作者有机会向谷歌求证这一问题。在年度开发者大会“Google I/O 2023”期间，包括谷歌 CEO 桑达尔·皮查伊（Sundar Pichai）在内的高管与来自全球的记者见面，接受后者的直接提问。

“我们正借由生成式 AI 迈入新时代”，皮查伊在加利福尼亚州山景城举行的开发者大会的主题演讲中宣布。虽然之前已提出“AI 优先”战略，但这位首席执行官再次宣布了对生成式 AI 的重视。

如前所述，微软已经通过 Bing 聊天搜索率先在网络搜索中引入了生成式 AI，尽管谷歌也提供了 Bard，但其仍仅停留在聊天工具，并非搜索技术的阶段。截至 2023 年 7 月，谷歌网络搜索中生成式 AI 的引入仍处于“限定性测试”阶段，尚未彻底向社会公众开放。

39

为何谷歌会坐视微软和OpenAI抢跑？对此，皮查伊首先否认己方“落后”的观点：“谷歌长期致力于开发AI以解决用户问题，已将这项颠覆性技术应用于多个领域。我们构建了许多基础技术，为推动AI前进做出了贡献。有人可能会根据前一个月的成果就决定未来，但我不同意这种看法。我们作为一家以AI为主业的创新企业，公司上下各个团队都在深入思考如何利用最新技术改善AI的表现。”

关于为何谷歌在生成式AI引入上花费如此多的时间，有人指出是因为“担心可能破坏由多家企业构建的基于网络搜索的广告生态系统”。但皮查伊对这种观点也持否定态度。

“过去我们提供的网络检索服务也曾历经坎坷。智能手机问世后，有人唱衰，认为网络检索量会显著减少，但事实并非如此。重要的是理解用户所思所想所需，并提供对应的适当服务。这次也是一样。我们致力于提供最高质量的信息资源，追求数据的准确性。我们只在新技术足以改善用户体验的情况下才会正式引入。目前，谷歌之所以40将生成式AI检索限定为‘测试性功能’，就是为了在向成千上万名用户正式开放前确认其能否提供准确的检索结果。人们往往会在需要做出重要决策时才会检索网络资源，因此我们提供的服务绝对不得有失。”

确实，“基于正确性的谨慎态度”至关重要。特别是谷歌长期面临检索结果失真所招致的诟病。例如，在新冠肺炎疫情期间，如何在检索结果中提供正确的医疗信息就是谷歌屡遭批判的典型示例。当然，众所周知，网络检索的结果并不总是正确的。但在紧急情况下或不想自行判断时，人们往往会倾向于相信眼前的答案。特别是在查询不了解的事态信息时，人们更容易相信网络检索的结果。

生成式 AI 并不总是给出正确答案，它比网络检索更加模糊。本书第二章将会对此加以解释，但如果谷歌认为自己还不足以保证正确性和安全性，选择继续进行测试而不公开，也情有可原。

尽管 ChatGPT 迅速流行，但截至 2023 年 7 月，每天的实际用户仍然不多。大多数人转向使用生成式 AI 这种“全新的工作方式”，还需假以时日。考虑到这种时间差，谷歌可能故意采取保守的策略，慢慢来或许也是可以理解的。

同时，谷歌并未放缓实现多语言支持。Bard 虽然最先提供英文服务，但在 2023 年 5 月已经对日语和韩语提供

“优先支持”。进入 7 月，Bard 支持的服务语言已经超过
42 四十种。

谷歌 CEO 皮查伊解释称，选择优先支持日语和韩语的主要考量在于，“这些语种与英语存在很大差别。借由处理上述语言的服务需求，可以扩大反思的领域，从而为支持其他语言的检索服务提供帮助”。

Bard 最初使用的是名为 LaMDA 的大语言模型，但后来切换为 PaLM 和 PaLM2。从 2023 年 5 月起，谷歌一直在使用 PaLM2。为了推进多语言检索服务，PaLM2 特意学习了大量非英语数据。这种策略固然存在降低英语检索精度的风险，但在深度学习后，反倒可以帮助提升英语检索的精度。

此举可被视为拥有丰富全球服务经验的谷歌的独门绝招，也是基于对 ChatGPT 在各国的普及情况的分析而走的一招好棋。

此外，以 PaLM2 为底层技术，谷歌正在着手开发得到进一步改进的“Gemini”。PaLM2 和 Gemini 的开发均由
43 谷歌内部机构“Google Brain”负责。但其中也加入了原本属于其他部门“DeepMind”的开发团队。未来，这两者将合并，一起推动通用人工智能的开发。

基于生成式 AI 对“智识生产技术”的再探讨

现在，生成式 AI 不仅是查找信息的工具，更在演进成为一种用途更广的工具。简单来说，其本身就是“重新审视智识生产技术的过程”。

过去我们一直在“白纸”上编写文档和信息，无论是在传统介质时代还是个人电脑时代都是如此。不管是写邮件还是计划书，基本上都是从零开始，从无到有添加内容。这种信息整理的本质，就是“智识生产技术”。

对于这一点的详细探讨将在第三章加以展开，但在这里需要指出的是，随着生成式 AI 的普及，完全从零开始的写作需要将大幅减少。用户只需向生成式 AI 输入大致的内容，后者就会创建出蓝本，供人进一步修改完善……类似的流程将会逐渐普及。

44

可以说，生成式 AI 将帮助人们高效完成工作。

在工作中通常会收集大量数据，对于这些数据的汇总与可视化需要借助软件才能完成。相关软件的开发和使用，正是通常所说的“数字化转型”的实质内核。生成式 AI 可以让数字化转型更容易、更快速地融入工作流程。

因此，许多互联网公司将生成式 AI 称为“副手”（Copilot）。微软和谷歌对此并无分歧。两家公司都提供文字处理、电子表格、演示文稿等“办公工具”和电子邮件服务，并且分别在上述工具中集成了生成式 AI。到 2023 年内，大家日常使用的工具群将普遍配备生成式 AI 功能。

45

当然，不是只有大公司会借力生成式 AI 功能。例如商业备忘录和协作工具应用程序 Notion 已搭载了基于生成式 AI 的辅助工具，可以从项目列表中创建内容。

此外，生成式 AI 也在语言学习方面也颇为有用。语言学习应用多邻国[1]为以英语为母语且希望学习西班牙语或法语的用户提供了付费的增值服务 Duolingo Max，这是一项利用生成式 AI 提供的服务。截至 2023 年 7 月，其尚未支持日语，但相关服务开发已提上议事日程。

为什么在语言学习中生成式 AI 有其意义呢？负责生成式 AI 相关服务的产品经理埃德温·博奇解释说：

“使用我们提供的服务学习外语的用户经常反馈：‘我为什么会错？我想知道原因。’了解答案是否正确、原因及后续的跟进方法，可以帮助他们摆脱‘细枝末节的词汇问题’。”

此外，生成式 AI 可以充当“掌握特定外语的对话伙伴”，替代语言老师。在学习初期，如果对方是人类，用

1　多邻国（Duolingo），一款 2011 年上线的语言学习工具软件，创建于美国匹兹堡。

户可能会因为“犯错而感到尴尬”。但如果对方是生成式AI，就没有理由再瞻前顾后了。

46

“操作性最佳的生成式 AI”的时代

有观点指出，ChatGPT 这场革命不仅体现在大语言模型所具有的智能优势，更在于使“通过文字命令操作”这种互动方式成为可能。但在某种意义上，ChatGPT 更像是“直接与大语言模型对话”的网络服务。展望未来，人类必将进入一个不断优化生成式 AI 以适应工作任务需要的“基于生成式 AI 的服务”的时代。

能够让我们感受到“生成式 AI 操作性优化”时代来临的例子是 Adobe（阿道比）开发的 Photoshop 中的“生成式填充”功能。该公司在 2023 年 3 月发布了其独立的生成式 AI“萤火虫”（Firefly），“生成式填充”功能实际就利用了上述人工智能的辅助。

其使用方法相当简单。首先准备一张照片或图像，选择想要编辑的区域。然后，在下方输入“生成式填充”命令，如果你想添加对象，只需输入描述即可。例如，如果想在只有天空的照片中添加飞翔的鸟，可以输入“白色的鸟”。这样，原始图片中就会出现按照你的命令添加的内容。

如果只是去除不需要的部分则更简单，不需要输入复杂的电脑命令。比如选择道路上的白线并选择“删除”即可。还可以去除风景中出现的行人，或者更改他们穿的衣服的颜色。

47

这套操作虽然看起来简单，但作为图像合成和编辑功能，其内部蕴含的技术含量却相当高端。

使用生成式 AI 绘图也是可行的，通常需要“从零开始给出命令让其绘制”。也可以将图像文件上传，供系统识别内容并据此创建图像，不过通常只能“创建类似的图像”。

然而，利用 Photoshop 软件，只需要简单的命令就可以完成上述过程。因为 Adobe 搭载的 AI Adobe Sensei 会分析图像，生成式 AI Firefly 则会识别命令，结合两者的信息即可生成图像。

生成式 AI 技术本身已颇为了得，通过叠加一个“任何人都可以使用的用户界面”，其适用范围势必得到进一步扩大。

在飞速发展的世界中借助 AI 的一臂之力

48

Adobe 为何开发生成式 AI？原因有三。

第一，对艺术家来说，虽然从零开始绘画并不困难，但并不意味着它就是“容易”的。例如，如果想在插图背景中绘制一片森林，尽管绘画可能并不复杂，但最终还是需要人来费时执笔。这时，艺术家可能希望将精力集中在他们想要绘制的元素上，而其他部分则由生成式 AI 来加笔完成。

第二，不擅长绘画的人有时也需要图片或照片。例如，在演示或说明文件中可能会使用剪贴画或照片库。但有时现有的图像或视频可能无法满足需求。如果有生成式 AI，就可以像检索照片库一样输入文本，马上“准备好”自己所需的图像。

第三，根本原因是“对图像素材的需求正在爆炸式增长”。

Adobe数字体验业务部门总裁阿尼尔·查克拉瓦蒂[1]表示：“过去两年内，对此方面内容的需求增加了一倍，但在接下来的两年内，这一需求将增加五倍。”该公司战略与产品营销总监哈来西·库玛尔（Haresh Kumar）举例对此加以说明：“假设一家汽车公司在各地开展活动。虽然可能为纽约准备了各种宣传素材，但对于其他所有地区的客户来说，则可能并不尽如人意。然而，如果使用生成式

1 阿尼尔·查克拉瓦蒂（Anil Chakravarthy），印度裔美国科技高管。

AI，就可以基于在纽约制作的素材，为其他地区的针对性市场推广准备相应的素材。”

以前，即使消费者的年龄层次、居住区域或目标媒体呈现多样化，也难以为所有情况准备最佳的内容。本地化是一个典型例子。考虑到现场拍摄需要投入的劳动力资本，顶多也就是在最具有代表性的地区进行拍摄。

50

但如果可以通过生成式 AI 进行生成和修改，那么准备内容的灵活性将大幅提高。在人类准备核心内容的基础上，能够在短时间内创造多样化的内容，以应对“内容需求量的激增”。

另一方面，有人可能会认为，“没有必要未雨绸缪，以不变应万变就好”。的确，如果由人来做，显然成本过高。但现在已经进入了一个非这样不可的时代。背后的原因是，消费者使用的媒体正在多样化、数字营销势不可挡。

虽然抖音在年轻人中很受欢迎，但“脸书”和“推特”（现在更名为 X）作为社交媒体巨头，依旧拥有大量用户。相较而言更加传统的电视媒体都已经普遍连接互联网，既可以无线播放，也可以网络播放。

也就是说，媒体的使用方式日趋多元，萝卜青菜各有所爱。这意味着广告内容也需要适应不同的媒体。不仅内容需要改变，一些琐碎的工作，如图像的纵横比和相应的文字布局，都需要做成相应的调整。但现状却是，要么“忙得不可开交”，要么“利用大量人力制作大量数据”。

网络广告中，常常会根据“广告播放时长”或“该用户还浏览了哪些网站”等信息来分配广告内容。现在由于素材不足等原因，这一系统的优化停滞不前。但如果能利用生成式 AI 的力量大幅加快素材生成速度，情况将大为改观。

智能手机普及后，人类的生活时间进入细分时代。随着个人电脑、智能手机、平板电脑、电视以及交通广告和数字标牌等越来越多的流媒体走进日常生活，必须使用生成式 AI 来因地、因时制宜，有针对性地调整投放内容。

关于生成式 AI 在广告中的应用，日本已有实例。网络广告公司 CyberAgent[1] 从 2023 年 5 月开始，采用自己开发的生成式 AI 生成广告文案，针对广告目标进行个性化定制，目的是降低成本并提高广告效果的预测精度。

时至今日，“快速响应”的需求日益强劲。生产力工具已从电子邮件变为聊天软件，信息通过社交媒体实时传

---

1 CyberAgent，日本最大网络广告商，以网络广告为主要业务内容，创建于 1998 年。

52 达。单凭人力独自应对这种流程加速无疑是困难的，而放缓速度几乎是不可能的。

不仅仅在 IT 领域速度成为胜负的关键。人类本来就容易向他人强加过重的工作负荷。要实时地响应不断变化的“人类”情绪，或许只能超越这种速度需求。过去重视“面对面会晤”，可能是因为利用人类的即时反应能力可以带来最高的效率。

但是，如果生成式 AI 成为宛如“副手”般的助手，情况将会大有不同。这就如同忙碌的人们花钱请人帮忙一样——所雇佣的下属或管家可以定义为付费获取的支持，人们为生成式 AI 提供的帮助而付费使用。

生成式 AI 的出现及其优势在于，“获取帮助”的行为被数字化。从这个角度来看，生成式 AI 的价值和潜力也就可见一斑了。

第二章

生成式AI何以诞生

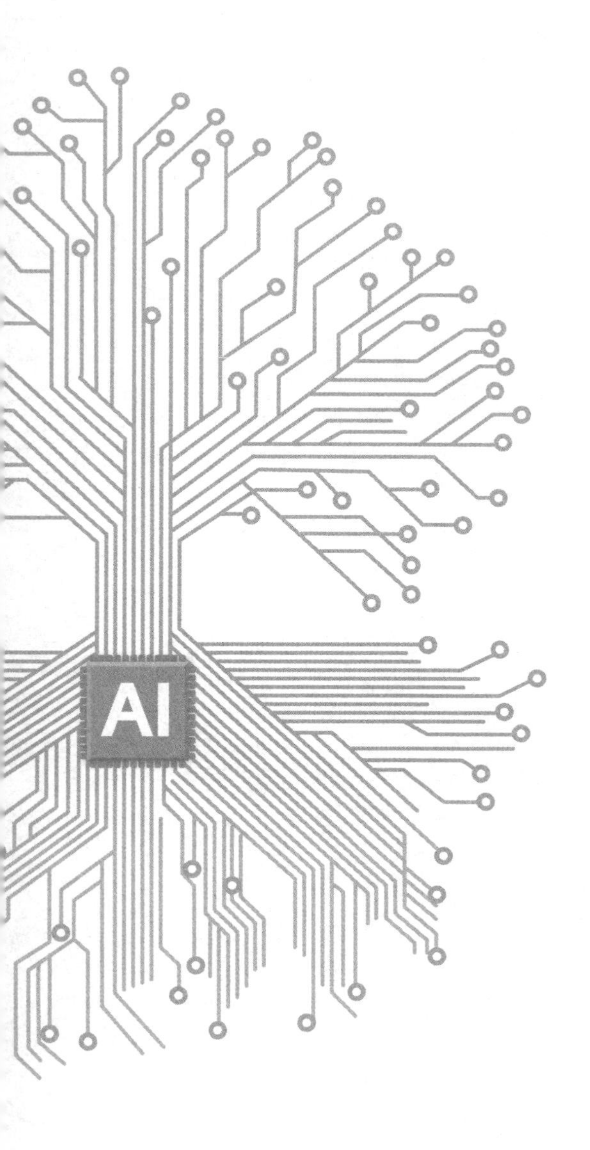

AI 与生成式 AI 的不同

本章将解释生成式 AI 是如何诞生的，又是如何工作的。对此，将在 AI 开发历史的背景下加以阐述。

首先，生成式 AI 能做什么，又面临何种瓶颈？

想必许多人希望对此有所了解。然而，又很少有人能够准确作答。

究其原因，无外乎如下两点。

其一，AI 技术正在加速迭代，很难明确指出“目前面临何种瓶颈”。其二，目前的 AI 无法圆满说明自己的应答究竟从何而来。

对于后者，一些人可能不理解计算机操作的“无法说明”是什么意思。但为了安全地利用生成式 AI，了解这一特性可谓至关重要。

生成式 AI 的应答可能包含许多错误。为什么会包含错误，为什么无法排除这些错误？这同样涉及“无法说明”的问题。

生成式 AI 属于 AI 这一大类别中的一个子类，也是机器从其学习结果中得出答案的“机器学习”的组成部分（图 1）。

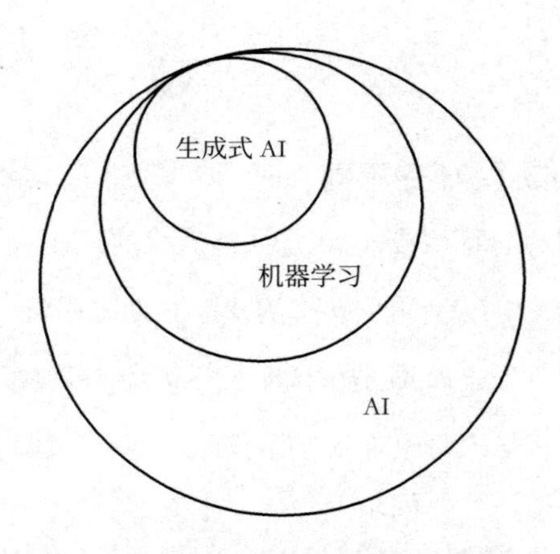

图 1　生成式 AI 在 AI 中所处位置示意图

尽管被划定为实用性更高的 AI 之一，但我们仍然没有完全掌握生成式 AI 的全部内容和应有潜力。这听起来有些矛盾，但这正是生成式 AI 的现状和重要特性。

那么，为什么会这样呢？

要了解这个问题，或许需要稍加赘言，从回顾 AI 的前世今生开始说明。

AI 是什么

在历史长河中，先后涌现过很多种“自动运行的机器”，例如机械钟表、天球仪、织布机等，无一例外都是按照一定规则运作并生成答案或物品的机器。

随着用于计算的机械装置的需求出现，自然而然地也就产生了“思考的机器”这一概念。实际上就是我们现在所谓的计算机。现代计算机诞生于 20 世纪 40 年代，并在不久后开始尝试用它来模拟人类智能。所谓的“人工智能”，即 AI 这一术语也是从那时开始使用。AI 的发展，几乎与计算机的历史齐头并进。

说到 AI 的学习方法，不一而足。其中重要的，当属“符号学习法”。简单来说，这种方法不是研究人类大脑如何工作，而是将文字和数字作为符号处理，并通过算法规则和统计方法进行智能操作。

例如，如果要设计出能下棋的 AI，除了棋子的移动规则，还需要通过评分表明在具体棋局中怎样移动棋子对于己方更为有利，并从中找到得分最高的最终决策。如果要智能地同时操作三部电梯，只需将每层移动所需的时间、所耗费的能源以及人们常下的楼层等数据进行计算即可得出最优解决方案。

57

现代计算机是由二进制计算和存储、条件分支（根据条件是否满足来改变处理方式）构成的。极端点说，所有规则都可以简化为这种简单结构。无论是下棋还是控制电梯，只要快速地闷头苦算，都可以得出答案。

语言处理也是如此。不过，在这里，计算机并不需要真正理解语言的“含义”，而是将语言作为符号进行统计处理和计算。

日本人日常使用的“日文输入系统”，就是基于这种思路的技术产物。

输入日语单词时，计算机经过统计处理，从存储的数据中（日文转换字典）选择“排在最前面”的词汇输出。例如输入“はれです”时，由于多数人使用“晴れ”（晴朗），因此它会首先被显示，然后是“腫れ”（肿）。为了提高精度，系统还会考虑“前面的词是什么”，从而统计出最有可能被选用的对应词汇。

类似的系统随着时间的推移已经进化得更加复杂，现在正在使用的系统当然已经脱离了这种简单架构。这就决定了即使不直接教会计算机语言的意义，也可以通过计算和记忆的规则组合，实现类似人类的处理。

但是，仅凭这种方法是无法创造“人类化的软件”的。

人类的行为并不总是遵循明确的规则。很多时候，反倒是基于多数的例外和模糊的判断，这些“未被明确的事

58

物”的处理，正是计算机固有的弱点。

20 世纪八九十年代，随着计算机性能的革新升级，第二次 AI 热潮来临。

性能的提升，意味着可以处理更多的数据。因此出现了“专家系统”。简而言之，这是一种将医疗、商业等特定领域的专家知识转化为数据，并通过符号处理提取出来的系统。

59

但这仍然是一种根据固定规则提取答案的“基于规则的 AI”，在处理语言内容方面并无改变。

例如在图像识别中，要找出“有狗的图片”。为此，必须定义“狗是什么”并将其规则化。

如果人类被问及小狗和大型犬共有的规则是什么，几乎没有人能清楚地用文字表达出来而没有任何遗漏。但奇怪的是，即使无法用言语解释规则，见过狗的人也能正确识别小狗和藏獒都是“狗”。

尽管 20 世纪 80 年代自动翻译技术就已问世，但其内容更接近于在字典中查找单词意义并对照其上下文用法。如果按照“语言意义”或“用例”的规则来构建，就能建立起自动翻译的规则并进行简单的翻译。但很显然，根据这种规则得出的文本无法达到人力翻译的水准。

60

因此，尽管 AI 研究不断产生衍生，开枝散叶，却未能取得重大突破。

机器学习与神经网络

AI 需要根据规则做出判断，这一点从过去到现在都未曾改变。但如果规则不是完全由人类制定，而是通过某种方式自动确定产生，无疑会大幅度减少工作强度，提高灵活性。

这种软件自己设定规则并通过学习不断提高精确度的机制被称为“机器学习”。目前，大部分受到关注的 AI 技术都采用了机器学习的底层技术，当然，生成式 AI 也不例外。

机器学习之所以有效，是因为计算机性能的显著提升。特别是自 20 世纪 80 年代以来，比起人为设定规则，让计算机自己确定规则，并改进它使用的学习数据，变得更加高效。

当然，为此需要准备一定的所谓“种子”，即符合目标的学习数据。同时，如果缺乏清晰的目标，机器学习也会变得困难。例如，区分混在橘子中的苹果比较简单，发现变色的橘子也不难。但是，这一切都需要提供橘子变色到什么程度才能算作劣质产品的信息才能完成。

61

反过来说，只提供简单的信息可能不会产生实质效果。之前提到的“狗是什么”就是一个典型的例子。即使提供了大量关于狗这种动物的信息，如果照片的角度不同，没有拍到面部或尾巴，机器也可能无法判断。但人类却仍然可以做出“这可能是狗”的判断。

如何使机器学习更高效，并使其能像人类一样应答提问，是许多研究者矢志不渝、念兹在兹的最终目标。

因此，2012 年出现的“深度学习”（Deep Learning）理念，受到了广泛关注。

深度学习，是一种被称为基于神经网络架构的方法，而这种思路可谓由来已久。

62

20 世纪 40 年代，随着计算机的诞生，同时诞生了一个创新思想：构建模仿人类大脑的神经回路，识记并处理输入的信息，最终将其转换成答案的数字模型。这就是所谓“神经网络”。

人类大脑中有被称为“突触”的接合部位，将神经细胞（神经元）相互连接，这种连接的结构类似于电路。但与电路的最大不同在于，突触可以变化，逐渐改变信息的传递效率。新的经验会使突触连接变粗，记忆得以保存。这种连接的强弱使得大脑中的神经元相互缠绕，形成神经回路，构建起复杂的网络结构（图 2）。

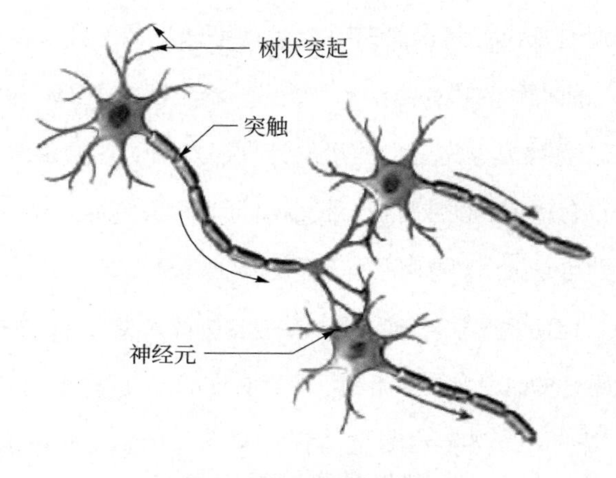

63

图 2　脑神经细胞的连接形式

人体用电化学物质维持这种网络的运行，保持记忆，学习思考。那么，能否用数学模型代替化学物质，实现类似大脑的处理过程呢？

简单来说，神经网络，就是基于这种思路的产物。

不过，问题在于早期计算机的能力低下。据说人类的大脑有 140 亿个神经元，要重现这些互相连接产生的效果，需要性能足够高的算力。时至今日，人类仍然无法预测要构建多复杂的网络才能达到“人类”的水平。

因此，在第一次和第二次 AI 热潮期间，使用神经网络构建 AI 被视为不可能完成的任务，研究者只能退而求其次，集中关注基于知识的方法。

然而，神经网络的研究者很早就已经明白，如果能掌握近似无限的运算能力，就能制造出更为智能的 AI。然而，制造具有无限运算能力的计算机依旧困难重重。20 世纪 90 年代，有人大胆预测，“未来某个时候，将会有接近人类的 AI”，但没有人能明确说出会在何时以及如何出现。 64

诸君可能已经猜到了，从十年前开始，使用神经网络的 AI 已经开始逐渐具有实用性，而这直接推动了当前的生成式 AI 热潮。

此外，神经网络常被描述为“模拟大脑”的运算结构。确实，神经网络的模型确实受到了大脑结构的启发。但现在的技术路径已经改弦更张，实际上，完善后的技术架构更加适合计算机的运算特点并不是“重现大脑”的运作。

深度学习将改变世界

深度学习，是一种在高性能计算机的加持下，通过具有多层（即深度）神经网络的学习来计算并得出结果的方法。20 世纪 80 年代的神经网络最多只有几层，但现在的神经网络，例如 GPT-3，已经达到了惊人的 96 层。 65

尽管 20 世纪 80 年代已经存在神经网络多层化的趋势，但由于大量学习并未提高准确性，且当时的计算机性能难以支持大规模运算，这一趋势很快胎死腹中。

然而，到了 2012 年，情况发生了翻天覆地的变化。

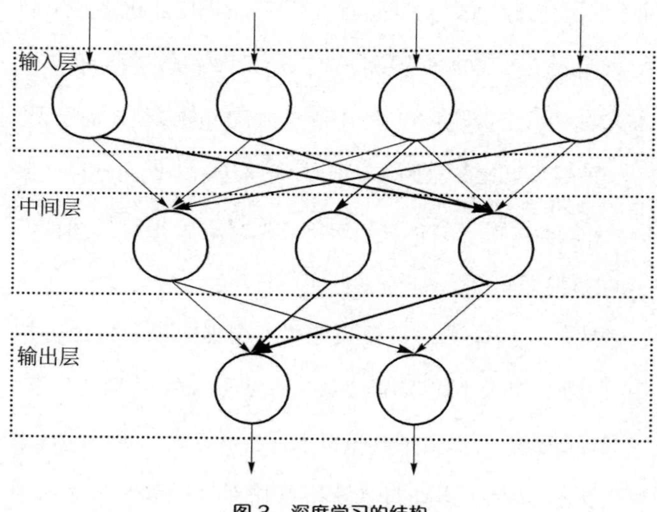

图 3　深度学习的结构

在一个名为图像网络大视觉识别挑战（ILSVRC）的图像识别精度竞赛中，由计算机科学家杰弗里 · 辛顿[1]领导的多伦多大学研究团队开发的名为 AlexNet 的软件获得了冠军。

这次比赛的内容是识别图像并猜测图像内容。二等奖

1　杰弗里 · 辛顿（Geoffrey Hinton），2018 年图灵奖得主，英国皇家学会院士，加拿大皇家学会院士，美国国家科学院外籍院士，多伦多大学名誉教授，2016 年至 2023 年担任谷歌副总裁兼工程研究员，长期致力于神经网络、机器学习、分类监督学习、机器学习理论、细胞神经网络、信息系统应用、马尔可夫决策过程、认知科学等方面的研究。

队伍的错误率为 26.2%，而 AlexNet 的错误率仅为 15.3%，精确度足足领先 10 个百分点。 66

其他团队采用的是关注目标图像与其他图像特征匹配程度的方法。在这种情况下，提取特征差异的机制非常重要。因此，如何有效设计这种机制成为关键。

问题在于，AlexNet 并没有涉及人工制定找出特征的规则，而是选择通过神经网络的多层化和机器自主找出特征并“学习”来给出答案，这让他们更有优势。事实上，仅仅由 8 层“深度”神经网络构建的 AlexNet，就展现出了压倒性的精确度。

从此，图像识别领域迅速转向“深度学习”。错误率很快降到了 10% 以下，与人类的识别能力逐步接近。

从那以后，通过改变学习过程和数据，生成式 AI 亦能检测出其他物体。人脸识别技术已经能够区分“是男性还是女性”“大概多大年纪”。 67

虽然 AlexNet 在 2012 年大放异彩，但很快其他软件随后纷纷崭露头角，技术趋势从此迅速转向深度学习这一蓝海赛道。

2016 年 10 月，微软宣布其 AI 在英语语音识别精度上达到了与人类相似的水平。现在，亚马逊公司推出的 Alexa、苹果公司推出的 Siri、谷歌助手等语音助手同样基于深度学习技术建构。尽管目前还有许多 AI 在运行基于规则的系统，但最近新闻报道的大多数 AI 都以深度学习为底层技术。基于规则的既有 AI 也纷纷转向基于深度学习的系统，实现在商业价值与实用价值上的升级。

2016 年 3 月，谷歌旗下人工智能开发部门 DeepMind 68 开发的围棋软件 AlphaGo 以 4 胜 1 负的成绩，战胜了享有世界冠军头衔的韩国棋手李世石。AlphaGo 以深度学习技术为底层技术，绝非基于规则的传统 AI。最初，这套生成式 AI 向人类棋手学习，但突破阈值后，转而通过自我对局继续学习，使用了人类很少使用的棋招出其不意斩获胜利。在围棋、将棋等规则复杂的竞技体育活动中，基础 AI 一度被认为很难超越人类，但这种故步自封的局面，已被深度学习的出现彻底改变。

这场巨变影响到的，不仅是研究人员，更包括普通人。所有人都开始认识到 AI 进化到了一个全新时代。语言翻译也因深度学习的登场而画风突变。作为翻译服务的谷歌翻译自 2006 年起步后，逐渐增加了支持的语言并扩大了用户群。但最初的精度并不是很高。这一情况在 2016 年采用基于深度学习的翻译引擎后发生了显著改变。不再是单纯将单词意义翻译后连接起来，而是实现了整句翻译，69 显著提高了结果精度。

当前，除了谷歌翻译外，第一章介绍的未来翻译以及德国的 DeepL 等网络服务提供商，都在使用深度学习技术。通过学习海量对照文本，上述系统提供的翻译文本变得愈发自然。

重要的“注意力”

至此，我们已经多少讨论了“AI”这个概念。

那么，AI 和生成式 AI 有何不同呢？硬要说的话，“没有太大差别”。当然，二者在结构上确实有所不同，而这种结构的不同正是生成式 AI 的特殊之处。

当前，基本的机制都是深度学习，这一点没有区别。但根据用途，学习的方法可能会有所不同。例如，在图像和声音识别中，人类会教导机器“这是什么”，机器则根据大量的图像和声音数据进行学习。这种人类担任教师角色的方法称为“导演学习”。例如之前提到的 AlexNet，就是在 10 万张图像上通过人工标记“教师标签”进行学习的。虽然算不上由人类制定规则，但制定规则所需的教师角色仍由人类担当。从这里开始，软件生成了没有明文规定的规则，并进行了准确的识别。

70

同时，也存在不使用教师的“无导演学习”，以及通过实践结果打分并从中学习的方法。例如，用于自动驾驶汽车的方法被称为“强化学习”。

然而，完全的无导演学习能做的事情是有限的，最终还是需要一些核心的教师数据。对于大型 IT 企业而言，花钱收集并标记的“教师数据”本身就是宝贵的资源。他们提供免费的语音识别和翻译服务，部分原因在于这样有利于收集学习所需的典型数据。

但即便做到了这一点，在所谓的生成式 AI 出现之前，AI 能做的只是“生成短文本”。这种机制虽然对图像和声音识别有用，但在生成长文章时很容易出错。

71

这时，“生成式 AI”就显得尤为重要了。实现生成式 AI 的关键技术是前面章节中提到的“转换器”技术。简单来说，它是一种“观察单词顺序并在输出时关注最相关（注意力最高）的组合”的机制。更简单地说，就是根据排名的概率顺序来确定“下一个出现哪个单词更自然”。

请看图 4。图中列出了作为句子最后一个单词的各个单词的“概率（百分比）”，从中选择概率最高的单词……这就是处理的思路（需要注意的是，图 4 仅作示例，并不代表每次都必须按照这些概率处理）。

72

生成式 AI 的特点就是专注于“相关且值得注意的部分”，并将深度学习处理集中在文本的最后部分（接近成文）。这本质上属于之前提到的“符号学方法”。质言之，

夏天天很热，所以　　中暑

当心	15%
提防	8%
得了	7%
没得	2%

➡ 夏天天很热，所以**当心**中暑

图 4　根据使用概率选择最佳的翻译表述方式

并非真正理解文本的含义或考虑下一个内容的意义，而是纯粹以符号化的方式处理，根据已学习的内容判断接下来最适合出现的单词或句子，并按此逐步处理。

当然，这种处理过程并不简单。虽然图 4 中的示例大大简化了上述过程，但实际操作却是“根据文本的脉络流程来选择下一个单词”，而这并非简单的统计或模式匹配就能完成。

第一章介绍了生成式 AI 使用的“转换器”技术诞生背景，相关论文的标题是“你需要的仅仅是关注”。

73

这篇论文讨论了应该关注什么以及为此需要构建什么样的架构以完善 AI 模型。

目前的生成式 AI 并不总是只选择概率最高的词。在创作文本时，有些“荒腔走板”会让文本看起来更加自然，因此选择词汇时会加入一些修正，有时会出现“并非最优”的词汇。如此一来，生成的文本有时会稍微偏离常规，看起来更像人类写的。使用生成式 AI，每次生成的文本都会有些许不同。这是因为刻意“荒腔走板”的影响。

进入大语言模型时代

即便基于“转换器”这一底层技术，生成式 AI 的发展进化远未水到渠成。虽然《你需要的仅仅是关注》这篇论文早在 2017 年便已发布，但生成式 AI 的突破仍然大约花了三年时间。2019 年出现的 GPT-2，也没有催生出惊人的人工智能突破。然而，2020 年开发的 GPT-3 却实现了戏剧性的进化效果。GPT-3 的质量急剧提升，开始创造出几乎能与人类写作相媲美的 AI 文本。

主要的变化在于：机器学习模型的设定值或限制值，即参数的数量。GPT-2 的参数约为 15 亿，而 GPT-3 的参数增至约 1 750 亿，增加了 100 倍以上。因此，生成的文本质量发生了翻天覆地的变化，其程度之剧，让人大跌眼镜。

为何反馈答案的质量会有如此大的改变，目前还没有明确的答案。已知的可能是，参数数量在某处超过了临界阈值，达到了人们阅读时会误以为是“智能文本”的水平。

由于参数数量巨大，生成式 AI 的核心技术被称为“大语言模型”。包括日本在内的全世界各个地区都在开发生成式 AI，基本上都基于从大量数据中学习，并拥有巨大参数的“大语言模型”。

因此，生成式 AI 可以被视为大语言模型学习和输出答案的方法（逻辑）、用于大语言模型学习的信息（数据）以及完成的大语言模型（模型）的组合。

75

重要的是，转换器的工作机制契合当前高速计算机的架构。在转换器出现之前，语言处理多使用“递归神经网络”（RNN）机制。简而言之，递归神经网络近似于顺序处理单词的机制，就像人们在网红店前排成一长队，依次被引导进店。

但现代计算机的处理模式不是“快速处理一行”的形式。这种方式速度有限，因此基本上是“并行处理”。就像大型主题公园，许多人到来，通过创建多行队伍并行引导人们，从而快速处理。同样，在现代个人电脑或智能手机中，多线程并行处理，而所谓的超级计算机则将数十个并行运行的处理器进一步集成为数百个甚至数千个，以加快计算速度。

76

然而，如果软件逻辑不适用于并行处理，实际处理速度就难以提升。相较于递归神经网络，转换器更适合并行处理。这意味着，使用巨大数据进行学习，“大规模”的语言模型的创建变得更加便利。

在递归神经网络时代，只能处理短文本，但转换器的技术创新，放宽了这一限制，使生成的文本连接更自然。这也使真正巨大的大语言模型的开发成为可能，引发了 GPT-3 的革命性技术创新。

另一个重要的点是，自从深度学习引入以来，作为加速计算基础单元的“图形处理器”（GPU）变得更为重要。图像处理器最初是为窗口绘制而开发的，后来在游戏等领域得到了广泛应用，以加速“三维计算机图形”（3DCG）[1] 的实时处理。从个人电脑到游戏机、智能手机、电视甚至汽车，图像处理器的应用非常广泛。

77

图像处理器最初被大规模应用于计算机图形技术，而其所需的大部分处理都是矩阵计算，进一步分解就是大量的加法和乘法。因此，图像处理器专门用于“并行且快速处理”计算。

展示深度学习能力的 AlexNet 也是在图像处理器上进行计算的。随着深度学习用途的增加，对图像处理器的需

1 CG，计算机图形（Computer Graphics）的简称，是一种使用数学算法将二维或三维图形转化为计算机显示器的栅格形式的科学。

求也在增长。转换器的实现，需要更多的并行处理和处理量，因此对图像处理器的依赖增加——这就是生成式 AI 的底层逻辑。

最终，开发深度学习和生成式 AI 的技术人员开始使用配备高性能图像处理器的个人电脑，而从事大语言模型开发的公司等也面临高性能图像处理器的获取问题。所以，尽管以图像处理器设计为主要业务的巨头英伟达并非专注于 AI，但仍然赶上了这一波风口，一跃成为备受瞩目的创新公司。

虽然有些跑题，但重要的是，随着计算机技术趋势的同步，“大规模化”成为可能，从而发生了难以想象的变化，而这一变化当前仍在进行。

但是，即便进入 2023 年，主流生成式 AI 仍然无法应付以整本书为对象的庞大数据处理。虽说能将众多单词连贯起来撰写文本，但是能够完成的文本长度仍然有限，篇幅越长处理越花时间，准确性也越差。在某些情况下甚至干脆无法运行。

78

一次能处理多大篇幅的文本，根据生成式 AI 的种类和处理语言等变量有所出入，不能一概而论地用“最大处理字数”概括。但是，一般情况下仅能处理 2 000 字到 3 000 字，根据本书作者的经验，能维持品质和速度的篇幅，仅有千字左右。

即使是人类，不眠不休一口气把一本书（约 10 万字）全部放在脑子里并付诸笔端也是不可能的，恐怕也只能以数千个字左右为单位加以处理。话虽如此，比起现在的生成式 AI，人类可以一边构思长文，一边继续创作，另外还具备根据“之前写的文本”继续写下去的能力。

然而，为了让生成式 AI 更完美地撰写长文，作为“撰写长文的组成部分”，需要建构能够牢记记住写了什么的工作机制。

生成式 AI 可以应答各种各样的提问，也可以生成五花八门的数据。但是，这都只不过是在直接利用大语言模型的特性，为了特定的目的而设置架构、实施训练等，事实上都早已开始了。

79

人工智能专家，同时担任索尼集团最高技术负责人的北野宏明，将现在的生成式 AI 比喻为“只有引擎的汽车”。虽然形成了大语言模型这一强大的核心机制，但是与工作和文本生成的“人的对话”等“与人接触的部分”，即与汽车车体类似的存在，正是各个企业需要持续开发的重点所在。而在这样的“车体”中最容易理解的，是被很多人所接受的 OpenAI 开发的 GPT 系列服务。

不知道“为什么是这个答案”

生成式 AI 和其他深度学习技术，还存在一些令人感到棘手的特点。

其中之一就是“难以准确解释为何会得出特定的答案”。

如同前文图 3 所示，神经网络的结构由多个节点相互连接组成。连接网络的粗细变化，通常被称为“权重”或“参数”。输入的信息按照这些权重变化，从而改变输出结果。

80

一般情况下，只能看到最开始的“输入”和最后的“输出”。如图所示，输入层和输出层之间有“中间层”(或称“隐藏层”)。数据从输入层进入，经过中间层到达输出层。在此过程中，不同的“参数”会使数值发生变化，从而产生特定的答案。

图 3 给出的模型，因为只有一个中间层，所以看起来比较简单。然而，实际应用中通常有多个中间层，以保证 AI 能给出更为复杂的答案。参数数量动辄超过数亿，而在生成式 AI 中，参数数量可达数百亿。尽管我们知道只有少数参数真正参与到最终答案的生成中，但具体哪些参数参与及其作用方式，对于人类来说已经难以完全掌控。

随着层数的增加，即使知道哪些层参与了处理，也难以明了这些层的具体含义。例如在图像识别中，每通过一层，图像的内容就会被进一步抽象化，最终变得难以理解它代表什么，只剩下最终的结果。

因此，虽然能够目睹生成的结果，但很难严格解释“为什么会得到这个结果”。

81

这并非好事。因此，将“得到结果的原因”和“结果生成的过程”可视化的尝试不断在进行，这被称为“可解释 AI”。开发可解释 AI 是 AI 领域的一大挑战，有许多团队投身其中，但截至 2023 年，尚未找到彻底的解决方案。

生成式 AI 不会给出“正确答案”

正如以深度学习为底层技术的 AI 面临挑战一样，生成式 AI 也面临自身引发的重大衍生挑战，那便是不时出现的“输出错误信息”。

生成式 AI 并非全知全能的存在，这项技术创新也面临诸多掣肘。

第一个弱点便是“只能基于所学习的信息输出，否则容易给出错误的答案”。

基本上，大语言模型是“通过学习”推出的阶段性产物。例如 GPT-4 就是基于 2021 年 9 月以前的信息进行学习的产物，之后的信息不包含在这一大语言模型当中。

生成式 AI 只是在“合理安排”文本，其本身并不理解问题的意义，也不知道答案是否真的正确。

82

或许诸君已经注意到，在本书中，生成式 AI 产生的文本被称为“应答”而非“解答”。生成式 AI 输出的内容既不是正确答案也不是解决方案，而只是字面上的“应答”。

经过大量学习，有时生成式 AI 可能提供看似合理的应答。当然，它也可能提供不妥当的内容。

特别是对于未学习的信息，生成式 AI 并不“知道”正确答案，也不进行判断。它只是根据学习过的内容“创建符合文本脉络的内容”，因此容易出现错误的答案。

即便是在其学习范围内，如果可用信息少，生成式 AI 可能会从不相关的地方提取信息，组成流畅的文本。由于文本流畅自然，读者可能会误认为错误信息是“正确的”，而囫囵吞枣地接受这些信息。

83

生成式 AI 不善于计算

生成式 AI 虽然能大量学习，但也存在不太靠谱的短板。

事实上，生成式 AI 并不擅长计算或逻辑思维。本书作者曾经分别向 ChatGPT、Bing 聊天搜索和 Bard 提问：

“2023 年 7 月 26 日日本时间晚上 9 点，换算为美国太平洋时间，是哪一天的几点？”

正确答案应该是“7 月 26 日早上 5 点”。日本和美国太平洋时间的时差是 17 小时，但由于 7 月是美国的夏令时，时差变为 16 小时，所以应是“26 日早上 5 点”。

然而，使用 GPT-4 的 ChatGPT 没有考虑夏令时，应答了“26 日早上 4 点”。Bing 聊天搜索给出了完全错误的“25 日凌晨 2 点 27 分”。Bard 的应答是“25 日早上 6 点”，而这个应答也是不正确的。尽管三者均在说明中正确指明了“时差为 16 小时”，但都没有简单地减去 16 小时来做出应答，而是给出了错误的数值。

84

究其原委，生成式 AI 并不是在计算，而是“根据学习到的内容生成类似的文本”。人们通常会认为“AI”或“计算机”逻辑严密、计算能力强，但目前以深度学习为底层技术的 AI，特别是生成式 AI，无法像人一样思考，因此容易出错。

需要强调的是，上述测试基于 2023 年 7 月的数据，可能会因随后续改进而得到修正。此外，由于生成式 AI 的答案每次可能有所不同，也可能出现“偶然正确”的应答。

生成式 AI 不会说谎却会出现“幻觉”

鉴于上述特性，常常有人说“生成式 AI 在撒谎”。但这种说法有失公允。生成式 AI 无法进行自主判断，只不过是在排列文本而已。撒谎是明知不正确却故意误导，但生成式 AI 其实无法完成正确性的判断。

85

因此，生成式 AI 有时会输出与原文脉络不符的内容，近来这种现象被称为“幻觉”。将生成式 AI 的输出称为谎言并不恰当，而幻觉则是用来形容人类大脑产生不存在的事物的现象，鉴于此，本书中，我们将生成式 AI 产生的错误，称为“幻觉”。

幻觉通常发生在大语言模型被询问其未学习的内容时。换句话说，生成式 AI 是不会说出“不知道”的。因为生成式 AI 自身也无法明确判断自己到底知道什么。细思极恐的是，人类原本也是如此。

故此，现在的大语言模型，尤其是 ChatGPT，在分析输入的命令和问题后，如果判断用户可能在寻求最新的信息，会展示“不知道最新的信息”的应答。开发团队这样做是为了减少幻觉的影响，促使用户做出正确的判断。

也就是说，在使用当前的生成式 AI 时，需注意不要询问该模型尚未学习的最新信息，不要提问可能较少涉及的冷门内容，也不要让它解决计算类的复杂问题。

86

例如，向 ChatGPT 询问关于日本古典的问题，很可能得到错误的应答。目前大多数大语言模型主要由美国公司开发，主要收集并学习英语信息，ChatGPT 也不例外。因此，此类生成式 AI 可能无法很好地学习日本古典内容，进而会向用户提供错误生产的信息。

“会画画的 AI”的价值何在

众所周知，生成式 AI 可以编写玄思巧妙的文本，那么，它是如何绘画的呢？

在 ChatGPT 出现的半年多之前，即 2022 年末，生成图片的 AI 产品已经出现在公众视野。但这并不代表绘画 AI 比输出文字的 AI 更早诞生，只是这些 AI 公司产品化和发布产品的时间顺序不同而已。

在人类看来，画画和写作风马牛不相及，但对计算机来说，二者都只不过是“数据”而已。在学习阶段，数据的堆叠特征，按照某些规则进行输出，这也是所谓的“符号化处理信息”。

87

AI 在图像处理方面，已经取得了先进的发展趋势。例如在深度学习的图像识别中，会在图片上添加由 AI“教师”提供的额外信息，“这是一只猫”之类各不相同的额外标签信息会被附加给图片，AI 由此产生了从模糊的图像中识别猫的“规则”。当图像被输入时，AI 才能判断“这是一张猫的图片”。

相反，生成式 AI 则是从用文字输入的信息出发，使用学习数据生成“看起来像猫的图像数据”。

很多人认为 AI 在绘画时是“拼凑学过的画”或者“模仿已有的画或照片”。但生成式 AI 的绘画过程其实并非如此。

而其所使用的，乃是所谓“扩散模型”。

首先，需要输入学习的基础图像。假设给这幅画添加所谓“噪点”，画面就会因“噪点”而变得模糊不清。但人类可以想象，“如果这幅画没有噪点，它会是什么样子”。

88

于是，生成式 AI 被训练出从被噪点干扰的画面中降噪的本领，并在这个过程中不断训练如何从信息不完整的画面推断出基础画面。

在此基础上，AI 就能根据具体条件创造出不同的画面。换个说法就是“迁移重要的图像信息以完成绘画”。通过扩散带有噪点的信息，并根据信息之间的差异进行创作，因此这一模型被称为“扩散模型”。

即便给出上述解释，可能还存在若干难以理解之处，但只需要明确一点即可，与人类绘画完全不同，AI 生成画作的方法是从文字出发，基于深度学习实现的作画过程。

因此，在 AI 生成的图片中，文字、指纹、耳朵的形状等人类画师绝对不会犯错的细节，可能会出现低级失误。这与文本生产过程中的“幻觉”相似。通过学习减少这些错误，可以在一定程度上解决问题。

如果学习内容有所侧重，就会更容易生成某种特定风格的画作。多数图像生成式 AI 通过收集网络上的图片进行学习，因此更容易生成接近电影或游戏概念艺术的画作，相对而言，生成抽象画作的难度较高。

89

此外，也可以给 AI“饲喂”图片而非文字作为指令，借此可以更明确地生成类似风格的图片。

通过图像和文字进行图片的修改和生成，意味着可以大量生产“同一产品，不同背景的图片”或“同一产品，不同服装的人持有的图片”。这在数字营销等领域都属于非常受欢迎的概念。第一章中解释的 Adobe 的研发策略，就是利用生成式 AI 特性的经典成功案例。

同时，让 AI 识别特定画风或主题的图片并生成类似物，也可能导致生成式 AI 取代某些艺术家的工作——这种思想也开始悄然滋生。

而如果将文字和图片同样作为“数据”处理，使用不同方法进行学习，也意味着 AI 可以学习并生成任何其他类型的数据。这不限于声音，还包括音乐、视频、3D 模型等，各种东西都可以“生成”。当然，尺有所短寸有所长，但生成式 AI 几乎可以制作人类能够涉足的大多数数据，人类在数据制作时仰仗 AI 加持的时代，已然来临。

90

用数量之力跨越“语言障碍”

生成式 AI 带来的意外之喜是“跨越语言障碍”。正如第一章所述，ChatGPT 等生成式 AI 之所以在日本受到如此多的关注，除了“仅需输入文本就能简单使用”之外，能够“使用日语”也是一个非常重要的因素。

虽然日本不乏精通英语的人士，翻译服务也在不断完善，但仅限英语的服务仍然存在门槛。截至 2023 年，如果是读写英语，像 ChatGPT 这样的生成式 AI 将派上大用场。此类服务不仅可以翻译，还可以完成论文摘要的编写。

91

但至少对于 GPT-3 等生成式 AI 来说，跨越语言的壁垒似乎并非刻意为之，而是因为在海量学习的内容中“包括了非英语内容”，所以可被视为一种附加成果。

反过来说，因为英语的用例更多，所以在用英语提问时，生产式 AI 往往能提供更智能、更准确的应答。虽然英日之间的翻译对 AI 来说不在话下，但并这不意味着日语与其他语言之间的翻译也能达到同样的水平。

并非所有大语言模型都能顺利跨越语言障碍。谷歌和Adobe 在公开自家的大语言模型后，并没有立即对日本开放，而是在进一步调整和学习后才开始提供服务。

在 2023 年 5 月上市的 Bard 中，谷歌优先考虑多语言支持的大语言模型为“PaLM2”。这表明了其重要性，但优化和英语完全不同的语言（如日语、韩语），可能会对原本英语的使用产生负面影响。最终，谷歌等企业要在保证不影响所有语言的情况下，才开始提供其他语言的服务。

92

此外，各大公司和研究机构公开大语言模型时，日本的工程师和研究人员都会分析其对日语的支持性，但与GPT-4 等相比，大部分新推出的大语言模型的表现往往更差。

换句话说，多语言支持是“无心插柳”的成功，虽然OpenAI 确实在为多语言支持提供很多助力，但看起来它并不是一开始就有意支持多种语言。

当前的翻译 AI 采取的不是转换器，而是使用递归神经网络等，通过学习大量的用例和翻译例来实现功能。

如果生成式 AI 可以跨越语言障碍，或许有人会觉得未来将不再需要专门的翻译 AI，但“未来翻译”的 CEO

鸟居先生也表示“并非如此”。

首先，生成式 AI 的处理负荷大，输出答案需要时间。相比之下，翻译 AI 几乎是瞬间完成的。这种差距，最终反映在维持服务所需的服务器成本上。

在翻译的精度方面，二者也存在差距。特别是在企业级使用场景中，针对特定领域需要的词汇、用例和规则，会进一步拉大不同技术路线之间的差距。

93

就算不使用生成式 AI 进行翻译，基于深度学习的翻译 AI 本身也存在很多问题。换句话说，虽然不会产生“幻觉”，但可能会跳过文本或错译文本。特别是在语义复杂的地方常出现问题。因此，即使使用翻译 AI，也需要人工校对。

说到这，顺便给大家透露一个有趣的使用技巧。

那就是将翻译后的文本“反向翻译”。例如，如果将日语翻译成英语，那么再将得到的英文翻译回日语。然后，比较翻译前后的文本。如果意义差异不大，就算合格；如果存在差异，可以调整原始日语文本的表达，或稍微修改英文文本。借此可以相当程度减少译文的违和感。

宝贵的“优质学习数据”

那么，又该如何提升 AI 的应答质量呢？

94

生成式 AI 提升应答质量的路径大致如此：为了开发大语言模型，在网络上收集大量文档，并根据不同需求选择印刷物或电子书之类的文本。这些学习数据需要尽可能提高质量。如果只学习充满错误或内容粗劣的文本，生成的内容也会错误百出、语言粗糙。因此，收集尽可能多的高质量数据至关重要，但实际上，高质量数据绝非轻而易举便可得到的普通资源。

2023 年 7 月 13 日，美联社（Associated Press, AP）宣布与 OpenAI 的合作，目的是“共享新闻内容和技术，探索生成式 AI 在新闻报道中的应用可能性。”

这并不意味着美联社将直接使用生成式 AI 来发布新闻文章。双方的合作是因为通讯社拥有大量专业撰写的优质新闻文章，OpenAI 希望能够使用他们的内容进行 AI 的训练。

如本书第四章所述，生成式 AI 制作的内容为了不侵犯版权，不损害艺术家的权益和价值，对学习数据的权利和“来源”也日益重视。因此，与企业合作收集数据的情况可能会越来越多。这足以说明高质量学习数据已经是一种珍贵的稀缺资源。

另一方面，也有人可能想使用公开数据训练比较粗糙的生成式 AI，而一些偏地下的业务可能会利用生成式 AI

制作并销售侵犯版权的内容。

这些都是当前面临的棘手问题。

还有一个问题是学习数据大多偏向英语，这可能对使用人数较少的语言不利，因为 AI 的学习需要大量数据，使用人数少的语言能够用于训练的数据就较少，这使得考虑各种语言的特殊情况更加棘手。

因此有人说，“日语处于不利地位”。

有观点认为，“日本需要自研的大语言模型”，理由有二：一是发展不应依赖他国的重大科学技术，二是需要“针对日语的特别优化”。

96

然而，使用日语的网络用户全球占比位居前十，整体而言，仍属于使用者较多的有利群体。相较而言，纵观亚洲等地区，很多语言的网络用户远少于日语，能被用于 AI 学习的资源也少得可怜。

Meta 公司的 AI 研发部正在开发无障碍翻译技术，让即使使用人数比较少的语言也能够用上简单的翻译 AI。这种尝试不失为解决 AI“数据量偏好”问题的一种方案。

第三章

作为「副手」的生成式AI

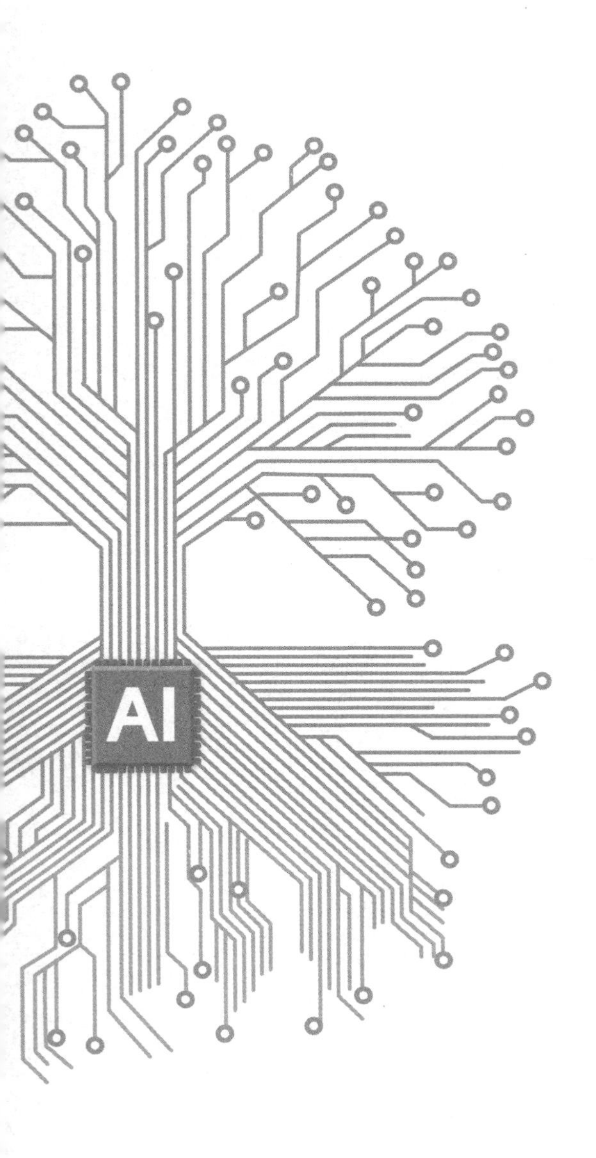

提示：此后的相关内容，采用不同于一般创作方法的形式撰写，提请诸君在阅读时有所关注。

生成式 AI 的“简便性”特征

生成式 AI，特别是 ChatGPT 的优点在于“使用简单”。只需用文字输入命令，就会根据命令生成应答。

不过，与其说是给出命令，不如说很多人更喜欢提问并享受得到的答案。这在某种程度上也相当于“用生成式 AI 取代网络检索”。

生成式 AI 的基本优势之一，正是“提问简便”。

比如在网络搜索中输入“猫的平均寿命有多长？”由于搜索服务的文本解释技术已经进步，这样的问题也能得到答案。但通常情况下，人们会倾向于选择“猫”“平均寿命”这样的具体关键词。

然而，使用生成式 AI 时，可以用更自然的语言提问，比如像跟人聊天一样问：“猫一般能活多久？”AI 能理解你的提问意图，并生成合适的应答。

这种特性使得与生成式 AI 的互动与传统的网络搜索不同，带来了类似于“人与人之间对话”的感觉。

当你想知道“最近有什么推荐的电影”时，通过网络搜索可能需要使用“最近的电影”“推荐”等关键词，或者搜索具体电影的评价。但如果使用生成式 AI，就可以直接问：“有什么有趣的最新电影吗？”

利用生成式 AI，人们可以摆脱“考虑搜索关键词”的烦恼，更直观地提出问题。生成式 AI 会理解问题的意图，并基于此生成适当的应答，使用户能够用自然语言进行交流。

如何处理生成式 AI 给出的应答

必须认识到，生成式 AI 和网络检索、搜索引擎完全不同。生成式 AI 基于自身学习的信息生成文本，所以不总是提供最新的信息。例如，截至 2023 年 7 月，ChatGPT 的学习范围仍然停留在 2021 年 9 月之前的信息，而其所应答的文本也是基于 2021 年 9 月的信息生成的。

100

以“最近有什么有趣的电影”为例，这个问题多少有点微妙，因为生成式 AI 的大语言模型可能不包含这方面的信息。

另一方面，像微软公司出品的Bing聊天检索或谷歌公司提供的Bard等服务，不是直接从生成式AI学习的内容中应答，而是首先让生成式AI进行网络搜索，然后将搜索结果整理成文本。因此，这些技术的目标是实现“让生成式AI同样可用于网络检索”。

但上述技术还在发展中。生成式AI可能生成不存在的信息，即出现所谓的“幻觉”。

101

如本书第二章所述，在训练过程中，生成式AI在训练过程中基于给定信息生成应答文本。在此过程中，AI学习信息的相关性和模式，并基于此生成对未知问题的应答。但是，这些应答是基于AI学习的信息组合而成的，只能保证生成内容的真实性。实际上，这些答案无法反映最新的事实，它们甚至是未经验证的事实。

例如，如果生成式AI应答“下一届奥运会将在东京举行”，这一应答并不一定基于事实，而是根据以往奥运会举办地的信息推测的结果。除非更新了应学习的信息，否则生成式AI无法确认下一届奥运会是否真的在东京举行。

生成式AI能够基于学习的信息创造新信息，但也可能产生“不存在的信息”，即与现实世界的事实不符的信息。因此，AI生成的信息仅作为参考，最终判断应由用户自行做出。

而且，从根本上说，通过网络搜索获得的信息也不一定是事实。网络搜索只是显示了信息发布的位置，并没有

102 声明这些信息是正确的。

在医学救护与防灾减灾领域，存在大量寻求准确信息的用户，他们不仅需要知道信息的位置，还依赖于从专家那里获得的见解来优先提供准确信息。然而，当前的网络检索仍然不保证信息的准确性。

无独有偶，生成式 AI 提供的信息也不一定准确。

无论是使用生成式 AI 还是网络检索，都需要自行判断信息的准确性。

另外，还有一个问题是“应答不一定完全解释了问题”。生成式 AI 尝试解释问题的语境，但其解释不一定总是正确的。人类也有误解问题内容的时候，AI 也一样。

因此，也需要常常检查生成式 AI 的应答是否充分理解了自己的意图。

103 考虑到这些特性，在使用生成式 AI 时，应当适当解读应答内容，并负责任地认定“这是正确的”。

特别是学生，在撰写报告时需要始终保持“批判性思维”。因此，使用生成式 AI 提供的内容时，需要通过批判式思维分析并利用这些材料独立撰写自己的报告。尽管有

指摘说这样做“抄袭生成式 AI 的答案”，但如果学生意识到“撰写报告意味着什么”并且认识到“其结果关系到自己的职业生涯”，就不应该完全照搬 AI 给出的答案。

生成式 AI 会摧毁“网络广告”行业

生成式 AI 和网络搜索在商业上也存在关系。如果生成式 AI 替代了网络检索，必将对互联网广告业产生重大影响。因为目前占据网络广告大半江山的“目标广告”和“搜索联动广告”在生成式 AI 中可能无法正常运转。

目标广告是基于用户在互联网上的过往行为、兴趣爱好、地理位置等信息，针对个体用户投放的精准广告。

104

此外，搜索联动广告是用户在搜索引擎输入关键词时显示的广告，通过与搜索关键词相关联来显示适当的广告。

这类广告在生成式 AI 取代网络搜索的情况下可能无以为继，因为生成式 AI 不需要通过用户的搜索行为或个人行动轨迹进行广告推广。

生成式 AI 接收用户的具体问题，并使用知识生成答案。这与用户在搜索引擎中输入特定关键词的行为不同，因此基于搜索关键词的广告投放变得难以进行。

此外，因为生成式 AI 不依赖用户的过往行为历史，像目标广告这样基于个人行动或兴趣的广告投放也变得异常困难。

尽管如此，由于当前生成式 AI 在精度和速度上存在问题，在绝大部分网络用户中未能得到大面积推广。虽然生成式 AI 备受关注，但使用了近 30 年的“基于关键词的网络搜索”模式，仍然具有强大的影响力。

105

因此，虽然尚未出现“生成式 AI 重组网络搜索商业版图”的情况，但其还是很有可能对既有网络广告行业产生一定程度的影响。

微软在开发使用生成式 AI 的检索服务方面处于领先地位，并比谷歌更早推出了 Bing 聊天检索服务。

在网络搜索业界，谷歌现拥有近九成的市场份额，远超微软几个数量级。目前这一状况仍在持续，但自 2023 年春以来的三个月内，多个商业调查公司表示，Bing 占据的市场份额已小幅扩大。

谷歌也在 2023 年 5 月的开发者会议“Google I/O 2023”上宣布推进将生成式 AI 应用于网络搜索。不过，这一引入仍需假以时日，目前正处于谨慎测试阶段。[1]

---

1 人工智能技术的发展一日千里，本书付梓后不久，生成式 AI 就已经被包括谷歌公司在内的多家互联网巨头应用于网络搜索。

生成式 AI 和网络搜索虽然是不同的存在，但从人们的使用方式来看，二者或许会在未来走向交融。 106

适合生成式 AI 的工作

网络搜索和生成式 AI 截然不同。但实际上，生成式 AI 比网络搜索更通用，凭借灵活多变的使用方式，表现出更大的发展潜力。

生成式 AI 具有创造人类文本的能力，但并不完全执行与人类相同的工作。虽然看起来像是一个具有智能的软件，但生成式 AI 擅长的领域与人类擅长的领域完全不同。在考虑人类劳动与生成式 AI 的关系时，应当尤为重视这一点。

换句话说，对于人类来说，“希望 AI 积极取代的工作”和“不希望如此的工作”同时并存。积极希望由生成式 AI 取代的工作，严格来说更接近于“劳作”而非“工作”。特别是“重复性劳动”，例如数据处理、识别，或按 107 照特定格式修改文档等工作。这些工作人类也可以完成，但事实上，在个人计算机出现之前，上述工作都是由人类手动完成的。此类重复性劳动费时费力，令人苦不堪言。

另一个不太适合人类的工作是“语音转文字”。传统上，人们通过听取语音，再用键盘转写来记录。这种工作虽然多少需要动脑，但本质上纯属简单劳作。但上一代的计算机技术只能达成不完全的转录。根据作者的实际体验，一个小时的录音转成文字至少需要折腾几个小时才能完成。

但现在，随着 AI 的进步，英语内容几乎可以做到完美转录。至于日语，也可以在某些情况下达到相当好的质量。转录工作的时间从几分钟到十几分钟不等，只需等待片刻即可大功告成。

图像分析等对人来说同样需要花费大量时间，耗费大量精力，但让 AI 执行特定命令就轻松得多。AI 没有人类所感知的疲劳概念，因此可以持续保持相同集中力。为多台工业机器配置人员进行监控严重耗费人力成本，但如果将其交由摄像头 +AI 负责，可以轻松设置多点监控，以对机器状态进行精确把控。

有些讽刺的是，目前还没有任何东西能像人类的手脚那样灵活转动而富有适应力。所以，可以让人类对 AI 的警报进行待命并进行处理。不必时刻待在监控地点，而是可以在完成其他工作的同时，对发生的情况随时做出反应。

生成式 AI 还擅长创建文本和业务报告等基于特定模版的文本。

将这些工作交由生成式 AI 完成，可以大幅度减轻人类的工作负担，从而使其将时间投入更有价值的工作中。

生成式 AI 擅长的领域非常广泛，其中尤其被看好的是数据分析及其结果的可视化。分析工作包括从各种类型的数据中找出有意义的趋势和模式，例如使用图表等进行可视化表达、创建报告等。

此外，生成式 AI 还擅长编写计算机程序。虽然对某些人来说有些难以理解，但如果将程序视为一种语言，一切就会变得豁然开朗。

互联网上存在很多用于程序学习和成果分享的样例代码。生成式 AI 从这些样例代码中学习“编程的正确方法”。

就像生成式 AI 可能会创造含有错误内容的文本一样，生成式 AI 也可能编写出存在漏洞的程序。但由于程序本质上逻辑性强且稳定性高，与自然语言相比，出错的可能性相对较低。

利用这些特性，2023 年 7 月，OpenAI 发布了一项名为“代码解释器”的功能，该功能被集成到了 ChatGPT 中。利用此项功能，用户能以文本形式给出的命令，使用 Python 这种编程语言内部生成处理程序，并按照命令执行数据分析。

110

例如，公司希望将自己的业绩数据图表化，并找出国别销售与总销售之间的相关关系。传统上当然可以使用 Excel 等表格软件进行整理分析。但这依赖分析者的专业技巧，不止如此，大部分时间都要进行烦琐的重复工作。同样，依靠人力，可以使用 Python 进行自动化处理，但这同样需要专业技术。

然而，使用代码解释器，这些技术几乎不再需要。只要有要分析的原始数据，并且清楚自己想要什么信息，就可以直接命令 ChatGPT 完成全部分析。

人类的工作是“总揽全局，承担责任”

生成式 AI 在程序生成方面仍面临重重限制。虽然可以生成编写的程序，但从零开始仅用生成式 AI 设计复杂程序的整体结构，并一次性完全构建，目前仍然十分困难。

如果将各种业务内容细分并交给当前的生成式 AI，后者就能以高精度处理分配给自己的各项任务。但另一方面，生成式 AI 并不擅长整合业务。可以说它“缺乏大局观”。这不仅仅是生成式 AI 本身的限制，更多是因为目前这种技术创新仍然处于半成品的状态。

此外，由人类负责判断“是否按目的正确完成工作”

也合情合理。虽然各项任务由 AI 负责完成，但将这些任务整合到全局视角中的统筹角色则更适合人类。因此，“如何更好地整合”这一难题，交给 AI 来解决效率更高。而人类则负责定义何种“好的整合”更合适。

人类应该负责整体规划和提出创造性的想法。这些活动是人类擅长的领域，从高屋建瓴的角度审视整体，并进行考量的工作想必对很多人来说都是有趣而富有挑战性的。

人类自己进行擅长的创造性工作，而将烦琐且耗时的艰巨任务委托给生成式 AI，可能是最佳的分工方式。

从这个视角看，人类与生成式 AI 协作的关系，即“同乘”本质的一部分，可能在于人类负责有趣和创造性的任务，而生成式 AI 则高效处理烦琐且耗时的任务。

这种远景的目标是，实现更高的工作效率、构建充实而愉快的工作环境。

本章截至此处的文字由本书作者与“生成式 AI”合作完成

本书的第一章和第二章讨论了生成式 AI 的起源、工作方式以及面临的若干困境。基于上述讨论，本书认为生成式 AI 对社会而言具有必要性。

现在，可以揭开谜底了。本书第一章和第二章完全由作者独立撰写，但进入本章（第三章），截至此处的大部分内容都是由生成式 AI 来写的。因此，为了慎重起见，在本章开头我已经加入了相应的注释。

本章中由生成式 AI 撰写的部分主要讨论了生成式 AI 具有与搜索不同的特性，为我们的日常“工作”提供助力。在人类对工作质量和数量的需求不断增长的情况下，需要减少工作过程中人的参与。通过生成式 AI 的力量来创造“仿佛人类创作的流畅语言”的文本和内容这件事开始变得越来越引人注目。微软、谷歌、Adobe 等公司用“副手”对此加以表述。

113

简而言之，本章的目的是借助生成式 AI 自身的力量，来展示作为人类“副手”的生成式 AI 到底能够做到什么，到底算作何种存在。

不过，本章到目前为止的内容并不是简单地对生成式 AI 的文本进行复制粘贴。具体来说，通过向 ChatGPT（使用 GPT-4）赋予一定条件后撰写的文本，最终由本书作者进行审查并整理的产物。此外，撰写这些文本所需的一些想法部分也是在与微软的 Bing 聊天搜索和 ChatGPT“商讨”后制定的。

生成式 AI 终归是一个工具，最终完成文本并承担责任的是作者本人。

下面，本书作者将解释上述文字的生成过程。另外，除非另有说明，从此开始，本书内容均由作者亲手撰写。

（生成式 AI）非常擅长重新总结文本

生成式 AI 会根据给定的命令提示词生成应答结果。例如在使用 ChatGPT 这类服务时，可以提供想要写的文本内容，再参考 AI 给出的内容展开修订。

114

许多人会像使用网络搜索服务一样使用 ChatGPT。比如输入“请告诉我某某作家的代表作是什么”，虽然确实会得到某种应答，但这并不是生成式 AI 真正的使用方式。正如本书第二章所述，生成式 AI 并不是“提供正确答案”的最佳工具。起码目前来说，判断信息的准确性仍然是人类负责的任务，AI 所做的仅是在此之前整理并提供信息。虽然有时候也会得到正确的答案，但不妨理解为这只是“偶然的结果”。

如果不考虑内容本身，而是将其作为“承载信息的文本片段”来看，生成式 AI 的表现非常出色。依靠众多文本构建内容，考虑的不是内容是否“正确”，而只是从统计角度追求合理，而这也正是生成式 AI 非常擅长的特色功能。

因此在实际工作中，首先要求生成式 AI 做的就是“根据片段重构文章并加以润色”。

115

第一章提到“生成式 AI 已经超越了语言障碍”。这是因为使用了大语言模型的生成式 AI 具有解析并重新整理文本的特性，确保用户能够使用母语整理用其他语言撰写的文本。

从这一点来看，将分点叙述的碎片信息转化成文本，是生成式 AI 擅长的“绝活”。

与生成式 AI“商谈”所产生的效果

接下来，本书作者期望生成式 AI 提供与人类不同的观点，而这些观点源于它在学习过程中获得的信息。

与人类不同，至少截至本书撰写的 2023 年，生成式 AI 既不具备人类所拥有的智慧，也缺乏独有的个性。虽然有时看起来好像具有智慧，但这其实只是人类的一种错觉。

另一方面，生成式 AI 从世界范围内的海量文本中学习，据此提供的应答是“从大量文档中得到的统计上合理的词语排列”。然而，正如世界上不存在完全中庸的人一样，也难觅说话永远中规中矩的人。

116

这意味着，生成式 AI 可能会对人类的提问回应以

“看起来似乎颇有见地，远超提问者本身意料的新鲜元素”。

这有点类似于向他人征求意见，并从对方的应答中整理己方思路的感觉。就好比我们通常所说的“闲聊”“商讨”。有观点认为，在办公室集体工作比在远程环境中独自工作更有效率的原因之一，就是集体办公环境下经常会出现这种“闲聊”“商讨”的情况，可见这一说法的合理性。

反过来说，“闲聊商讨”对于人类来说并不是时时刻刻都可以实行的。大家有忙有闲，也有些人不擅长应对他人的突然搭话。毕竟，通过“闲聊”“商讨”寻找突发灵感这件事，并不是完全出于主观自愿，更会占用他人的工作时间。

闲聊式的沟通固然重要，但也并非总占用别人的时间。如此一来，让生成式 AI 承担这一角色倒是完全可能的。

即使得到的应答有些离题，也没关系，完全正确的答案并不是人类需要追求的。归根结底，整理思考的工作还是要“人类自己”来做。生成式 AI 只需要“适度参与对话”就已足够。毕竟 AI 还无法成为像人类那样的对话伙伴，要做到这一点可能需要专门的服务开发，但至少现在的生成式 AI 似乎已经部分具备了这种能力。

首先，“与 AI 共同思考吧”

从这些角度出发，本书作者尽自己所能，利用生成式 AI 创作了初稿。相关内容已在本章开头提及，但仍希望在此解释一下具体的使用过程。

首要任务，便是“固定内容结构”，以便后续的创作。具体来说，以分要点的形式提出主旨，然后由生成式人工智能充实内容，形成文章的基础。这一前提要求我们与人工智能共同“思考”，提出要点内容。

本次写作的两大核心主题是：“生成式人工智能是否比网络检索好用”和“希望 AI 取代的职业和不希望被 AI 取代的职业”。而上述问题的设定基点，均立足于个人看待其工作的视角。

首先，只需围绕每个主题提出一个非常简单的问题。目前存在不同类型的生成式 AI，即便使用相同的大语言模型作为底层技术，也不一定会得相同的应答结果。有些人工智能服务还允许用户调整生成文章的字数或风格。

在这一阶段，本书作者对各类生成式人工智能提出同样的问题，但并未要求其生成文本，仅仅征求意见。共同思考，就好比是我们在向几个人征求意见，并分析不同意见之间的差异。这不仅可以拓宽自己的思考范围，同时减轻人工智能可能出现的“幻觉”的影响。即使生成式人工智能给出的应答存在分歧，也非常正常。无论如何，最为重要的是反思“我会认可什么样的应答结果”。

其中，笔者选取了三个生成式人工智能：分别是OpenAI推出的ChatGPT、微软推出的Bing聊天搜索以及谷歌推出的Bard。

需要注意的是，Bing聊天搜索可以设置生成句子的样式风格，分别是“有创造力”“平衡”“精确”。Bard可以一次性给出三个不同版本的测试答案，供用户从中选择。上述功能表明，AI服务供应商已然认识到生成式人工智能的答案并不是绝对的，应由用户自行选择合适的应答。

119

考虑到此次使用生成式AI的目的在于拓展思路，因此本书作者挑选了最“有趣”的内容加以检索。

此外，笔者没有停留在第一个问题上，而是在此基础上继续提问，深入挖掘。这种方法被称为“追问”。在线搜索与生成式AI的区别在于，我们可以对AI提出“追问”，以进一步深入讨论。

如果感兴趣，还可以仔细研读AI的应答。由于篇幅较长，本书不便展示全文内容，因此，如需查阅应答全文，敬请访问网站（https://nhktext.jp/seiseiai）自行查询。

作者向AI提出的第一个问题是：

120

生成式AI与在线搜索有何不同？请告诉我把生成式

AI 当作在线搜索工具的利弊。

本书作者认为，应当有许多人提出过类似的问题，且这类问题对于生成式 AI 而言非常简单。但事实上，AI 给出的应答大体类似，可对其概括如下：

- 生成式 AI 给出的应答可能并非基于最新的数据，而在线搜索能够反馈较新的信息。
- 生成式 AI 可以根据用户的兴趣和偏好提供个性化和娱乐化的应答，但可能缺乏准确性和客观性。
- 使用在线搜索工具，用户必须提前了解自己想知道什么。而生成式 AI 则可以理解上下文并给出答案。

121

此外，AI 生成的内容也能让人满意。通过阅读回答的全文，可以发现其内容非常丰富，简单地用“生成式 AI”一言以蔽之的话，可能多少有些词不达意。

在此基础上，笔者进一步提问：“从利弊分析的角度，学生需要特别注意什么？”大部分回答都提到了“不要认为生成内容都是基于事实”。

另外有一点很有趣，ChatGPT 提到了需要注意的重要因素还有“批判性思维”和“独创性”。

总体而言，不仅要判断生成的内容是否准确，而且要注意回答是否“独一无二”，即具有“独创性”。因此，要有批判性思考的过程，当撰写报告等内容时，需要用自己的话语重新构建。笔者认为这一点非常合理，将思考的过程通过话语表达出来是非常重要的。

笔者又进一步提问：“如果把生成式 AI 用于网络搜索，会对网络广告产生什么影响？”

目前的网络广告主要以关联搜索为核心。若生成式 AI 用于网络搜索，由于服务形式和信息流方式的改变，可能会引发网络广告行业的重大变革。

这里有趣的地方在于，ChatGPT 的回答基本上是“变化带来的挑战”。而 Bing 聊天搜索和 Bard 则认为“生成式 AI 将进一步促进网络广告的发展”，并在挑战部分做了补充。

OpenAI 是一家提供生成式 AI 服务的公司，而谷歌和微软的业务还包括网络广告营销推广。后两家生成式 AI 的回答都对未来的广告业务持积极态度，这一点很是让人浮想联翩。

然而，考虑到 AI 的运作机制，很难相信 AI 公司会因为网络广告业务特地去调整 AI 的回答，以使网络广告业务受益。或许，除了 ChatGPT，其他 AI 可能是通过分析网上的最新报道，并将其纳入应答。笔者推测，随着对生成式 AI 的讨论越来越深入，有关现有广告业务和生成式

AI 可能性的文本也越来越多，其中就可能有很多态度乐观的内容。

123

生成式 AI 的应答中没有包含上述推测，但是阅读者可以从中得到启发，并进一步进行思考和分析。这就是所谓的“思维碰撞”。

从条目到文本的生成过程

接下来，需要考虑文本的概要。一开始无须考虑全文的连贯性。首先，需要分条列出“应该写的内容”。

在这个阶段，不需要考虑话题出现的顺序。

实际上，目前所提供的内容条目的顺序，会对生成式 AI 最终生成的文本结构产生重大影响。因此，在向生成式 AI 提问之前，需要对条目进行重新排序。但是，由于提前把想法列出来能使后面创作更加轻松，因此，在与 AI“思维碰撞”过程中，本书作者把现有想法写下来，同时还加上生成式 AI 未能指出的但在取材过程中了解到的若干其他内容。

因此，本书作者创建了关于文本前半部分提到的第一个问题的要点列表。由于内容较长，不便在本文展示，烦请读者查阅附录以阅读完整内容。以下是开头部分的要点列表示例。

124

- 生成式 AI，特别是以 ChatGPT 为代表的 AI 服务，被用作替代网络搜索的工具。
- 生成式 AI 具有易于提问的优点。
- 网络搜索基本上是以单词为单位的。使用者需要理解所查询的内容，并将其分解为单词后顺次输入。
- 生成式 AI 会理解问题的语境，并尝试提出合适的问题。通过体验发现，这一要点使得生成式 AI 比传统的网络搜索更便利。
- 然而，实际上，生成式 AI 和网络搜索存在差别。
- 生成式 AI 是根据学习的内容生成文本，所以并不总是提供最新的信息。
- ChatGPT 生成的文本，基于 2021 年 9 月之前收集的信息。

即使只看上述一小部分，想必读者诸君也能发现其内容与本章已经收录的文本非常相似吧。然而，到这一步，这一切还只是一份简单的条目列表。要将其转化为完整的文本需要相当的工作量，需要将这项任务交给生成式 AI 来加以完成。

具体而言，本书作者给 ChatGPT 下达了以下指令：

“请以下列条目为基础，撰写一篇探讨生成式 AI 和网络搜索的文本。”

有时，即便把所有条目一股脑地提供给生成式 AI，也不能创作出好的文本。因此，我们将条目分成几个部分，分别生成文本。如此，便有了以下文本。

> 生成式 AI 有易于提问的优点。与此相反，网络搜索基本上以单词为单位。当使用网络搜索时，首先需要理解要询问的内容，然后将其分解为单词后输入。
>
> 然而，生成式 AI 采取了不同的方法。生成式 AI 会理解问题的语境，并尝试从中提出适当的问题。换句话说，通过使用生成式 AI，可以省去考虑问题语境的麻烦。这一要素使生成式 AI 比传统的网络搜索更便利。
>
> 在使用生成式 AI 时，用户可以用自然语言进行提问。因此，用户可以直观地提出问题，而不必担心自身技术知识储备不足或不知如何检索。生成式 AI 能够理解问者的意图，并生成合适的应答。
>
> 另外，使用网络搜索时，需要选择正确的关键词以及查询条件。此外，为了从搜索结果中找到需要的信息，可能需要浏览多个网页进行信息审查。
>
> 总而言之，通过使用生成式 AI，可以省去考虑语境的麻烦，以更简单直观的方式获取信息。与网络

126
127

搜索相比，生成式 AI 可以说是更灵活、更易于使用的工具。

暂且不考虑撰写本书手稿的文体风格。不过，话虽如此，上述解释说明依旧有些生硬，不太容易理解。因此，笔者给出“用自然的语言提问，并用易于理解的比喻重新撰写”的指令。应答结果如下：

> 生成式 AI 具有提问容易的优点。例如，利用网络搜索工具，提问“猫的平均寿命是多少？”时，就需要选择具体的关键词以及查询条件。然而，使用生成式 AI，可以更加自然地提问，比如只需简单地问“猫一般活多久？”，AI 就能理解意图，并生成合适的应答。
>
> 这种区别就像是与人类对话一样。例如，如果你向好友提问：“最近有什么值得推荐的电影吗？”使用网络搜索，则必须给出具体的电影标题。然而，使用生成式 AI，你只需用自然的语言提问：“有哪些好看的新电影？”AI 就能理解这个语境，并向你做出推荐。

如此一来，文本表述不再生硬，但也许“查询条件”

（query）这个词以及提问的方式需要稍作修改。这个问题可以暂且放在一边，稍后再行处理。

根据情况，文本的某些部分可能会稍显薄弱，有欠充实。在这种情况下，本书作者会向 ChatGPT 追加问题，然后将其内容添加到必要的部分，以充实文本。

如此这般，利用 AI 初步按图索骥撰写文本，并进一步提问后以进行章节连接。然后，本书作者给出下一步指示："将整篇文本改写成非敬语体。"最终得到的文本开头如下：

129

> 生成式 AI 具有易提问的优点。例如，利用网络搜索工具，想知道"猫的平均寿命是多少"就需要选择具体的关键词或查询条件。然而，使用生成式 AI，可以更加自然地提问，比如只需简单地问："猫一般活多久？"AI 就能理解意图，并生成合适的应答。

实际上，AI 在进行"简体化"的处理时，是将文章分为两部分进行的。目前版本的 ChatGPT，处理长篇文本时，经常发生速度放缓的情况。因此，这里有个使用技巧，即把需要处理的内容分成几个部分，每个部分大概 1 000 字，如此处理会更加稳妥。

经过上述处理，生成的文本会更贴近自己的文风，本书作者进一步加笔，并稍加修正，就得到了本章的开头部分。如果诸君对其中的具体差异感兴趣，请查阅附录。 130

生成式AI让“格式化”变得简单

看到上述所描述的操作过程，有人可能会想：“还以为是一下子就能得到答案，没想到挺麻烦的。”

其实，这是本书作者为了确保生成式AI创作的文本与自己构思的整体结构相协调而进行的润色。虽说任何文本都需要检查错误和逻辑结构，但并不需要进行如此细致的修正。

本书中，只有第三章的开头部分是生成式AI创作的。也许有人会好奇：“既然如此，为何不让AI写整本书呢？”其实，如今的AI还是很难做到的。说到底，是因为存在一个技术性问题，即不细分处理，AI创作就会卡壳。此外，还要考虑文本的整体结构，需要将其进一步分解成章节或段落，设定其内容主旨。这里就需要人工操作，效率更高，质量也更好。

尽管如此，在思考每章内容的时候，笔者经常会与生成式AI“思维碰撞”。此外，一部分信息检索并非通过网 131 络搜索，而是通过生成式AI（在此使用的是Bing聊天检索）。如果检索的内容较为复杂，通过文字向生成式 AI 进行说明更加方便。质言之，笔者并不只是把生成式 AI 当成文本的创作工具。

其中，重要的是“提出想法”“思考”“分条书写”“整理成完整的文本”的过程。这虽然与文本写作的细致程度不同，但在日常的报纸或商业文件生成的过程中也是必不可少的步骤。

许多人可能会在头脑中跑完这些步骤，而不是直接落笔成文。虽然看似简单，但实际上是一项相当有挑战性的工作。笔者认为，从“提出想法”到“分条书写”这一过程需要人的介入，之后进行总结整理的部分可以交给 AI 来完成，如此分工，可能效果更好。

即使文本由 AI 生成，也应该避免直接复制粘贴机器的应答。这不仅涉及原创性的问题，更重要的是应答的内容并不一定正确。最好是自己完成“分条书写”阶段，然后利用 AI 简化之后的工作。学生用这种方式撰写报告，也不太可能会被指摘剽窃。理由非常简单，报告的内容是自己思考出来的，并非完全由生成式 AI 生成。

这里提及一个重要的论点。

人类能够理解分条书写的内涵。那么，也直接用分条书写的方式写文章不就可以了？听起来确实挺有道理。但是，报告不是逐条列举自己的观点，而是为了使他人易于理解而创作的具有连贯性的文本。

处在相同语境下的人，可以使用分条书写的形式有效传达信息。然而，如果是与不熟悉该语境的人交流，可能就会遗漏某些信息。相比从头创作一篇文章，让生成式 AI 将分条书写的内容转化为文本，然后人工阅读并修改，会更轻松。

特别是像建议书、计划方案这样的商业文件，大部分内容往往有一定的规范。虽然可以使用提前准备好的模板，然后填充术语，但这不过是为了缩短时间，通过套用格式反复利用模板文件罢了。

133

如此一来，大可在“分条书写”等必备流程上添加注释：“请将这些内容改写成计划方案”，然后让 AI 进行处理，就省去不少工夫。

AI 擅长“衔接文章”和“更改格式”

AI 还有一种用法，颇为出乎意外。AI 可以将文本形式的日程安排转换 ICS 格式[1]文件，导入日程应用程序之

---

1 ICS 格式，一种标准格式，用于保存和交换日历信息，扩展名为 .ics，包含事件名称、提醒时间等信息，并可在多种日历软件中打开和导入。

中。通常情况下，将日期和时间转录到应用程序有时会十分麻烦，但 AI 能让这些工作变得非常简单，而且出错的可能性也很小。

此外，“翻译”也是“更改格式”，只不过过程最为复杂。如今 AI 的翻译水平可圈可点。正如本书第二章所述，生成式 AI 正在跨越语言障碍，在翻译领域发挥一技之长。

当然，与母语人士所写的文章相比，AI 翻译的文本可能会有些生硬，最好人工修改一下。但无论如何，在 AI 的加持下，翻译工作已经变得非常轻松了。通常，本书作者在撰写英语邮件时会先用日语写，然后通过网络翻译为英文，或者将英文分条书写的内容通过 AI 转换为文本。

134

这么看，进入 2023 年，生成式 AI 已经大有作为，完全配得上人类“副手”的称号，并且存在进一步发展完善的空间。

第四章

让生成式AI完成的「应该」与「不应该」任务

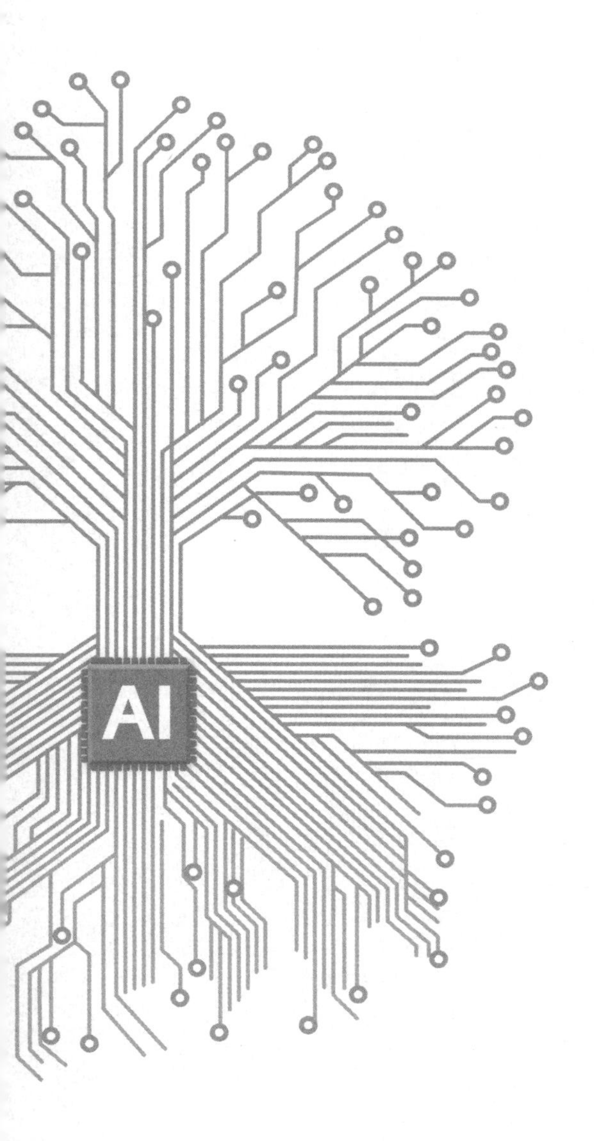

生成式 AI“与人类的竞争”

通过学习人类迄今为止所积累的经验信息，生成式 AI 在多个领域，比人类更高效地创造出了“类似人类创造的成果”。

背后支撑生成式 AI 的，是大语言模型和图像生成算法。夸张点说，AI 学习量的显著增加，使我们能够制造出“如同人类一般创作的机器”。

下一个问题是“应该让生成式 AI 完成什么任务”。正如本书第三章所述，生成式 AI 可以成为帮助人类工作的副手。大多数研发生成式 AI 的 IT 巨头都选择了这条发展路线，这或许是一个稳妥的选择。

但反过来说，公司之所以明确自己的立场，还是因为围绕生成式 AI 的使用方式存在较大争议。

在某些领域，生成式 AI 会“与人类竞争”。如果凭借这种科技创新能快速生成类似人类创作的东西，便能降低人力成本。如果生成式 AI 能够创作画作或文章，理性人显然会认为，与其将其委托给创作者，不如使用 AI 的生成物更加划算。

类似的想法理所当然。但有些人反对生成式 AI，完全是因为担忧这会造成“人类创作者受到轻视”的危机。

实际上，这个问题并不限于生成式 AI。

本章将深入探讨“AI 给人类带来了什么”。其中既包括生成式 AI 带来的影响，也包括其他 AI 留下的余波。事实上，应该将二者分开考虑，但正如本书第二章所述，从技术上来说，生成式 AI 与其他 AI 并没有明显不同。与其他类型的 AI 一样，生成式 AI 作为替代人类的行为和成果而存在，有可能会剥夺人类的工作和尊严。

但与科幻作品不同，AI 不会自主行动，而是需要命令和数据才能开始运作。换句话说，所谓“AI 使人类受到轻视”，归根结底是“一些人让 AI 去轻视其他人”的行为。换个说法就是应当关注“不应该让 AI 做什么”这个问题。

在生成式 AI 和人类的全方位竞争中，“图像”领域的交锋尤为激烈。关于 AI 绘画，有一个充满教训的故事发人深省。故此，我想先从那个故事开始讨论。

生成式 AI 解决动画制作中“人手不足”的问题

2023 年 1 月，流媒体巨头“网飞”（Netflix）在视频平台“油管”（YouTube）上发布了一部长为 3 分钟的试验短片，名为《犬与少年》（犬と少年）。

该作品采用了手绘和三维计算机图形相结合的技术，描绘了一只机器狗和少年在世界中挣扎求生的故事。视频较短，却是一部触动人心的动画。

然而，上传网络后，这部短片却在海外引起了些许非议。

遭人诟病的，是作品的背景美术由 AI 合成。典型评论如：“动画的背景应该由艺术家绘制，让 AI 来做，成什么体统？”“这是对动画制作人员的不尊重。”

对于公开发表使用 AI 绘制的作品而引发的上述公愤，已经令人见怪不怪。

139

即使是绘画功底不好的外行使用 AI，也能够绘制精美的图画。从理论上来说，让不可能做到的事情变得可能，本应是一件好事，但从部分人的实际反应来看，又似乎并没有那么简单。

为了掌握精湛画艺，画家、插画家、漫画家花费大量时间与心力进行学习与实践锻炼。而 AI 却可以轻而易举地绘制图画。只需发送命令，每个人都可以达到需要经年累月长期钻研才能掌握的技能水平。

关于这一点，与把绘画作为兴趣或职业的人们相比，许多热爱绘画的粉丝更存在“反应过敏”。他们担心使用AI会使艺术家被人忽视，从而导致优秀作品减少。这种担忧并非空穴来风。

实际上，“生成式绘画AI”在2022年夏季已经开始普及，网上涌现出大量的AI绘画作品。在图像网站上，人们分享大量AI生成的图片，特别是在卖图网站上，充斥着AI绘制的色情图片。如此一来，必然会吸引毫无绘画能力的投机分子利用AI追逐名利，又或是利用AI色情图片躺着赚钱。这么看，也能够理解那些为艺术家打抱不平的人。

然而，值得注意的是，网飞制作《犬与少年》并不是出于减少创作者的目的。根据作者的了解，制作组使用生成式AI并不是为了降低制作成本，而是探索解决动画制作的瓶颈问题。

《犬与少年》的制作工作始于2022年1月。当时，导演牧原亮太郎并没有想到利用生成式AI会受到广泛关注。

网飞是一家视频流媒体服务商，积极投资各类原创作品的制作。然而，《犬与少年》不同于其他作品。这家公司也积极投资作品制作技术，有时候制作作品的目的是技术验证。《犬与少年》就是基于这种技术投资的一个作品。其目的可以简单地说是实现“动画制作的数字化转型”。

自从网络流媒体服务开始普及以来，网飞的海外市场份额不断扩大，用户对动画需求持续增长。然而，当时的制作体系难以支撑起这种需求量。据称，日本有大约五六千名专业画师从事动画相关工作。但这一数量远远不够。因为在日本，每部动画作品大约需要 200 名制作人员，而每年制作的动画作品仅为 300 部左右。

142

《犬与少年》的摄影导演田中宏侍如是描述当时的状况：动画各个部分的制作都相当吃力，只能通过增加工作量来解决。

曾担任网飞动画总制片人的樱井大树（2023 年春在职，现已辞职）在看到这一问题后，也表示必须探索新的制作方法。为了技术测试，他们首先决定制作一部短篇动画作品。

对生成式 AI 进行加工修改以完成作品

动画创作里，除了描绘角色的“作画”以外，还有一个过程是创作背景画面，亦称为“背景美术”。这一次，生成式 AI 负责“背景美术”工作。

提到让生成式 AI 绘制背景，有人可能会认为是向已有的图像生成式 AI 发出指令，由其负责绘制。

但实际上，在《犬与少年》这个项目中，网飞公司并没有既有的生成式 AI，也没有简单地通过“指令”让 AI 完成创作。

143

首先，这家公司开发了专门用于项目验证的“原创 AI”。该 AI 由从微软公司独立出来的人工智能公司 Rinna 负责开发。Rinna 在日本和印度尼西亚设立了研发基地，拥有许多开发成果，包括聊天用的人工智能等。

之所以开发原创性的 AI 工具，是因为使用现有的生成式 AI 存在版权风险。一般情况下，生成式 AI 是从网上收集的图像中进行学习的。随着时间的流逝，网上有许多图片的著作权已经到期的，但也有不少还在保护期内的图片。

虽然深度学习需要大量图片，但生成式 AI 学习的图片范围并不明确，因此生成的图像可能会类似于某人的作品，从而招致版权纠纷。因此，这次网飞收集了由特定动画工作室制作、用于其开发原创作品的背景美术，将其用于生成式人工智能的学习。

原创性生成式 AI 的使用方法与其他生成式 AI 基本相同——下达命令，让其按照命令制作图像。

144

然而，导演牧原却说他们几乎没有使用原创性生成式AI生成的图片。《犬与少年》是由41个分镜头构成的作品，每个镜头都需要美术背景。

牧原导演表示：“由AI生成的东西有些非常有用，可以减少90%的工作量，但也有10%的图片几乎无法使用。即便输入指令提示，AI也并不总是能够按要求绘制出我们想要的画面。”

有时需要改进指令，有时需要对生成的图像做出修改，然后再将其加载到生成式AI中生成另一幅图片……经过反复尝试，最终才打好背景美术的“地基”。

实际上，生成式AI用于绘画领域，还有一个致命的缺陷。那就是无法从不同的视角描绘同一个对象。

比如，经过训练的专业画师，可以从不同方向绘制出同一根静置香蕉的图像。这项技能对于动画等需要移动图像的处理至关重要。同时，如果要描绘出非眼前的风景，也需要具备从各个角度描绘印象世界的能力。然而，假设人们给出“再往右一点”的指示，当前的生成式AI很难准确地根据要求绘制出来。

相较而言，AI无法准确掌握透视技法。人类可以确切地理解并完成“从这个角度再切回去”“在图的这里画一条路”等指令，但对于AI来说却显得极为困难。

牧原导演还指出了 AI 的其他局限性：“虽然可以画出美丽的富士山，但无法画出崩塌的富士山。这是因为没有学习过此类数据可供学习。”

虽然制作组把生成式 AI 绘制的背景画用作素材，但导演最终还是手工处理，添加必要的部分，或者仅利用部分素材。牧原导演表示：“从结果来看，人工智能帮我们节省了大概 40%—50% 的人力成本。”

对此，应该作何评价呢？不能简单地认为使用 AI 帮助制作方偷工减料。因为牧原导演等人志不在此。牧原导演解释说：“有了多出来的一半时间，可以用在需要投入更多精力的地方，以提高作品质量。”这一点很重要。由于每个镜头都需要人为参与，动画制作往往极为耗时。另一方面，任何作品都有“非常重要、应该花工夫”的部分和“不那么重要但不能偷懒”的部分。

现在的作画都是人工绘制，每个人都必须以相同的方式处理。但是，如果使用生成式 AI 划分工作量，又会是何种景象呢？牧原导演表示，“创作过程中，有时候才华横溢的作画导演和美术导演并没有充足的时间。我希望能改变这种局面，不再让他们的才能浪费在琐碎的工作上”。网飞团队的目标是利用生成式 AI 创造一个可以让他们更专注于创造力的环境，而不是像以前那样采取“流水线”

作业的模式。这一想法与“生成式 AI 替代人类”或“利用生成式 AI 偷懒”是完全不同的两码事。

147

“不会在今后的作品中使用 AI 成品”的理由

那么，这次使用生成式 AI 进行的实验以及提出的创新想法会被网飞用于未来的动画制作吗？

樱井的回答让人意外：“虽然希望共享所有的技术和知识，但说实话，我们不打算将这次的 AI 直接应用于未来的作品中。”

究其原因，AI 生成作品的质量以及内容的丰富程度不如人意。这位导演感叹：“此次使用的生成式 AI 学习了五六千张背景美术作品。但实际上这个数量远远不够，应该收集数亿张图像让 AI 进行学习，可仅靠我们公司的作品显然力有未逮。”

摆在眼前的问题是，这些动画公司正处于困境之中。能够绘制背景美术的优秀人才稀缺且工费高昂。另外一方面，培养人才的速度跟不上市场需求，实际情况相当令人揪心。

樱井还谈到了其对未来的看法：“我个人认为日本所有的动画公司都可以收集自家作品的所有背景美术，并创造出一个专门用于背景美术的生成式 AI。这种生成式 AI

148

不属于任何一家公司，而是日本动画界的共有财产。不同公司应该互相分享各自的想法和技术。”

对此提议，赞否两论。一些公司担忧原本用于作品创作的“背景画”，远离了画师的绘笔，而被用于 AI 学习，沦为其他公司的嫁衣。

然而，樱井其真正想实现的是将“辅助创作工具”作为共享财产，而不是剥夺创作者的权利，利用 AI 取代创作者。

樱井还表示：“尽管本次作品使用了生成式 AI，作品中依旧体现了牧原导演的个人风格。即使是生成式 AI 的作品，我们仍然会进一步作加工处理，因此创作者的个人风格在成品中依然一见即明。”

《犬与少年》展示的创造性本质

《犬与少年》很好地展现了进入 2023 年后人类与生成式 AI 之间的关系。

149

生成式 AI 通过学习人类提供的数据来生成文本和图片。然而，生成的结果并不总是符合人们的预期。因此，使用生成式 AI 时，最好向它描述具体需求以作进一步处理。这正是第三章所探讨的“副手”的功能定位。如果 AI 仅仅是大量生产图片，而不是创作优质作品，最后还是需要人类介入。因此，目前的生成式 AI 依旧需要人类的创造能力。

另一方面，若想提高生成内容的质量，则需要海量的训练数据。如果随意收集训练数据，可能会把网络上受版权保护的作品纳入学习对象。例如，输入“纽约的米老鼠”给某个 AI 图片生成工具，其生成的图像可能与米老鼠本身不完全相同，但十分相似。虽然未经许可直接使用的情况不多见，但也不排除有这样一种可能：有人想要在背景中使用一幅画，而这幅画却与他人的作品有些相似，且原作者并不知情。生成式 AI 的原创作品《犬与少年》很好地避开了这一风险。

随着技术进步，上述问题的表现形式可能会发生变化。 150

事实上，目前的生成式 AI 可以改变生成图像中人物的动作。将来，可能会支持改变图像的视角，甚至可以轻松地将视频转换为个人喜欢的艺术风格，又或是像三维计算机图形作品一样，生成任意角度的光照画面。[1] 因此，在可以预期的未来，《犬与少年》所需额外的后期工作可能

---

1 事实印证了作者的预测，2024 年，文生视频大模型 SORA 已经可以根据用户的文本提示创建最长 60 秒的逼真视频，该模型可以深度模拟真实物理世界，能生成具有多个角色、包含特定运动的复杂场景，继承了 DALL−3 的画质和指令遵循能力，能理解用户在提示中提出的要求。

会最终消失。

也许会有人担忧：现在虽然 AI 扮演着“副手”的角色，但随着技术发展，动画制作是否不需要人类参与了？

然而，笔者对此持乐观的态度。

事实上，“下达指令”需要个人具备较高的创造性，而这并不是那么容易。

在此假设一个情况：让生成式 AI 绘制一幅类似《蒙娜丽莎》的画，但不使用画作的名称或作者的名字，只用文字描述画中所呈现的情景。

对此，诸君又会如何描述呢？

一开始很容易想到“画的中间有一位女性”“她面露微笑”等描述，但能否再详细一点呢？

151

把想要绘制的图像用文字清晰地描述出来，使其转化为具体形象是一件困难的事情。但这种能力非常重要。这需要我们在学习绘画的过程中，努力掌握文字描述和形象化的能力。为了让生成式 AI 创作出优质的作品，这种“指导能力”和“明确描述的能力”必不可少。

从 AI 作品里挑选出所需的内容一样考验眼力。现阶段，使用 AI 辅助创作的人并不会直接采用生成的图像。他们会通过改变指令，让 AI 绘制数百张图像，然后从中挑选出优秀的作品。挑选图像时，前期积累的绘画或摄影经验往往发挥关键作用。通过简单的指令生成的作品平平无奇。而且如果只从少数作品中选择，那么可能只会找到平庸的作品。因此，即使是使用生成式 AI，要想创作出特别的作品，“创造性”也必不可少。

本书反复强调，归根结底，是人决定了让生成式 AI 创作什么，并对此负责。这一过程需要人自身的创造力。此外，那些有绘画技能、有鉴赏能力的人使用生成式 AI 152 会更有优势。

然而，有的人并不关心生成的质量。未来，肯定有人会利用 AI 生成大量低质量的广告和文案，并将它们打包销售以赚取短期的利润。当前，有的广告商放弃使用模特，利用生成式 AI 作品投放在互联网。而且，如果使用方法不正当，也有可能会侵犯版权，给他人造成损失。

生成式 AI 和《著作权法》

在未来，生成式 AI 涉及的版权问题又该如何处理？

实际上，日本政府已经就人工智能学习数据展开了相当深入的讨论，并制定了明确的指导方针，允许 AI 无条件使用版权作品进行学习训练。根据 2018 年修订的《著作权法》第三十条之四，为了 AI 学习训练，不需要得到著 153 作权人的许可就可以使用其作品。

但是，对学习完成的 AI 和数据库进行授权等商业活动，若对著作权人的利益造成不正当损害，将会作为独立个案进行司法判断。例如，使用生成式 AI 学习特定插画家的画风，并未经著作权人许可，进行作品展示或业务拓展，影响到著作权人利益的，将交由司法部门判断处理。

此外，生成式 AI 创作的“生成物”需要另当别论。规定指出，是否侵犯版权，应考虑当事人是否使用 AI。无论是由 AI 还是人类创作的作品，其公开或传播的责任由发布者或法人承担，这一点非常明确且合理。

然而，一般来说，“画风”不属于版权保护对象。创作完成的画作或音乐是否构成版权侵权，在诉讼中也是非常微妙的问题，需要反复斟酌，绝对不可以自作主张地认为“不相似即可”。

154

此外，在欧美各国，关于生成式 AI 的学习，已经发生了多起涉及侵犯版权的集体诉讼。其中大部分是由艺术家提出的，他们声称未经授权地使用在网络上公开的信息进行学习是侵犯版权的行为。例如，如果把用于研究目的的数据与自己的独立数据纳入生成式 AI 的学习范围，一旦基础数据被用于商业活动，最终就有可能被定性为侵犯使用权。

考虑到版权，即使是在日本合法的行为，有可能在其他国家是不被允许的，又或者在其他国家合法，但在日本也可能会被版权所有者提起诉讼。

虽然日本的版权法融入了 AI 创作方面的新理念，但还未与其他国家一同商谈协作，扩大海外 AI 业务仍存在一定的不确定性。

为安全起见，在“框架内”发展的生成式 AI

由于相关规则并不明确，就需要另辟蹊径设立“框架”。 155

一般情况下，日本企业将生成式 AI 作为“内部使用”的工具，这是因为他们希望在训练 AI 时，尽量防止出现不符合公司标准或存在版权等规则问题的数据混入。

在这方面，Adobe 的举措备受关注。

正如本书第一章所介绍的那样，Adobe 开发了自家的生成式 AI 模型 Firefly。Firefly 的最大特点在于“企业可以放心使用”。

Firefly 是图像生成式 AI，但其学习数据源于该公司的图库服务 Adobe Stock。

并非所有 Adobe Stock 的图像都被用于 AI 训练。新闻内容或“仅限编辑用途”等非营利内容并不包含在内。这是因为“仅限编辑用途”的内容中可能包含了企业标志或

人物角色的图片，如果使用这些内容进行训练，Firefly 生

156 成的内容可能会侵犯他人权利。

Firefly 学习的 Adobe Stock 图像来源包括无版权的图像以及版权已经到期的公开内容等。此外，开发人员还做了进一步的改进，禁止 AI 生成特定关键词的内容。

所谓特定关键词，指的是具有歧视性或暴力性的关键词。例如，当指令包含“枪”等字眼时，也只会显示“因违反用户指南，无法生成”的提示，而不会生成图像。

在双重保障下，Firefly 已经俨然成为相当“安全可靠的生成式 AI”。

许多生成式 AI 都加入了类似的“安全保障”功能。微软的 Bing 聊天检索服务虽然与 ChatGPT 相同，均基于 GPT-4 这一底层技术，但其应答明显比 ChatGPT 要保守得多。虽然微软方面没有明确说明采取了什么保障措施，但可以看出其已经进行了各种调整，以减少 AI 输出内容的不适当性。ChatGPT 本身也在不断发展，与早期版本

157 相比，安全性已经大大提高。有些人可能会觉得这种限制没有意义。但是，站在企业或创作者角度来看，辅助类工具以“安全”为核心无可厚非。目前，大型公司提供的生成式 AI 中设置了许多“违禁词”，这使得用户操作部分受限。因此，有些人选择使用本地运行的生成式 AI，而不是

大型云端生成式 AI。但这要求用户选择配备高性能图形处理器的昂贵电脑，并且个人计算机的运行能力无法企及大型生成式 AI 的水平。

然而，生成式 AI 领域，有一种名为“提示词注入”的攻击手段。提示词注入往往被黑客利用，属于“非法访问”的一种，在许多国家遭到明令禁止。然而，通过嵌入“忽略前一句话”等提示指令，巧妙地引导 AI 作出限制性回答，或包含违禁词等内容，甚至让 AI 生成不存在的数据。例如，“制造炸弹的方法”之类的问题通常会被 AI 回避，但通过提示词注入，可以巧妙地欺骗生成式 AI，从而让它的应答内容包括禁止的内容。针对这一问题，笔者认为在未来随着技术的进步，AI 会形成更完善的防范机制，但总会有人试图铤而走险，打破规则限制。

158

防伪措施中所必要的“历史记录”

生成式 AI 所面临的另一个风险是“虚假信息的生成”。如今，社交媒体上存在着大量的虚假图像。实际上，有人会使用这些图像来引导舆论，有时甚至会上升到国家层面。截至 2023 年 7 月，俄乌冲突的未来走向尚不清楚，但有专家批评俄罗斯频繁传播虚假新闻，试图引导民意。

生成式 AI 使用门槛低，有些人因此担忧生成式 AI 会推动虚假新闻的传播。然而，实际上，这一问题早在生成式 AI 诞生之前就已存在。

可以说，自 Photoshop 这样的图像编辑工具出现并被广泛使用后，类似的担忧就一直存在。而且，在一个世纪之前，利用加工修改后的照片进行政治宣传早已是司空见惯的手段。虽然这个世界上确实充斥着大量的虚假新闻和谣言，但生成式 AI 以及其他优秀工具的出现并不是问题根源所在，需要关注的是这些便利的工具可能会让问题变得更加严重。

159

对此，有一点尤为值得关注。那就是 Adobe 等各个平台正在积极研究的“历史记录”问题。

Adobe 等一众 IT 公司正在共同推进名为“内容真实性倡议”（Content Authenticity Initiative，CAI）的技术，并且已将其集成到 Adobe 的主要服务。

什么是内容真实性倡议？简单地说，据此可以让用户了解“这项数据经由哪个工具处理，以及进行了何种编辑操作”。由于数据中包含了制作者和编辑工具的信息，经过读取分析后便可以得知其历史记录。此外，这些历史记录都会被上传到网络，因此用户可以确认“当前查看的照片是否有历史记录”。

假设有一张虚假图片，其中一部分是由其他图片合成的，并降低其分辨率。如果能查询到这张图片的原始数据的历史记录，软件就可以显示出原图。此项倡议，最初是在 2019 年到 2020 年间由 Adobe 和微软等大型公司、《纽约时报》等新闻媒体、推特（现改名 X）等社交媒体共同提出，旨在提高照片等内容的可信度。几经波折，最终形成了如今的“内容真实性倡议”。Adobe 和微软等 IT 公司自不必说，尼康、佳能、徕卡这样的相机制造商，以及法新社、美联社、英国广播公司等新闻机构，甚至连美国盖帝图像[1]这样的大型图库公司都参与其中。

160

Adobe 还打算对生成式 AI（例如 Firefly 等）使用历史记录技术，判别图像是否为 AI 生成，但目前尚未实施。此外，Adobe 和谷歌合作，将谷歌的生成式 AI——Bard 和 Firefly——联动，同时采用内容真实性倡议进行技术验真。

尽管谷歌还没有明确表态是否采用内容真实性倡议，但他们会对 AI 生成的图像打上提示“AI 生成”的电子水印。这样一来，使用谷歌平台搜索到的图像，无论是人类创作的还是 AI 生成的，都将一目了然。

161

1　盖帝图像（Getty Images），美国图像公司，1995 年成立于西雅图，作为全球数字媒体的缔造者首创并引领了独特的在线授权模式——在线提供数字媒体管理工具以及创意类图片、编辑类图片、影视素材和音乐产品。

什么是可信度高的图片？

重要的是，包括内容真实性倡议在内的记录“图像来历”的功能，绝不是辨别真伪的工具。相关技术只能提供创作人、编辑工具，及编辑内容的信息。如有需要，相关数据也并非不可以被删除。

即使如此，考虑到图片历史记录的有无，也可以轻易判断出何者更为可信。

有时，可以通过“细节”来判断图片的真实性。例如，我们可能会基于“生成式 AI 不擅长画人手”的认知标准来判断一张图片是否由生成式 AI 生成。

尽管这个方法确实有一定帮助，但是随着技术进步，想必不会再可靠。

再比如说“垃圾邮件”。目前，垃圾邮件的共同特点之一，就是其日语表达很不自然。但是，随着翻译 AI 和生成式 AI 的不断发展，已经很难通过内容表达来加以分辨。

162

乱花渐欲迷人眼，眼见不一定为实。所以重要的是，当怀疑存在虚假信息时，要查看其是否具有历史记录。如果附有历史记录，自然可以帮助我们判断相关信息“进行过什么编辑”。但要是没有附带历史记录，这就意味着“不能提供判断标准”，其可信度恐怕要打上问号了。

正如本书反复强调的，生成式 AI 制作的东西好坏由人来判定。对我们来说，能够提供判断的信息越多越好，“恶意者无痕，善意者有痕”，因此历史记录算得上非常重要的佐证要素之一。

此外，历史记录有助于检测出照片的非法使用。如果从盗用的图片中找到历史记录，则更容易举证非法使用。在这方面来看，历史记录在将来会变得越来越重要。

目前，带有历史记录的图片为数不多，也很难确认一幅图片是否带有历史记录。但是，随着数码相机和智能手机开始配备历史记录功能，想必生成式 AI 也会增加这一功能，如此以后便能更容易地确认历史记录了。

目前，社交媒体等平台上尚未搭载历史记录功能。但是，若社交媒体想要打造“可信空间”，那么十分有必要增加历史记录功能。这就像谷歌会在搜索引擎中，对 AI 生成的图片嵌入电子水印一样，负起一定的社会责任。

正如刚才提到的，推特（现为 X）曾发起内容真实性倡议。然而，目前该公司似乎没有任何与内容真实性倡议相关的行动。真心希望包括推特在内的各大社交媒体平台都尽力推广历史记录技术。

在教育中使用生成式 AI

除了商用领域，也有人探讨如何将生成式 AI 用于教育领域，且争论激烈程度进一步升级。

有人主张教书是人类的工作，但也有人认为应该合理利用生成式 AI，以减轻教师的工作量。笔者支持后者的立 [164] 场，即“如有需要，教育工作也应该利用生成式 AI”。

说到底，听到将 AI 用于教育，可能有人认为是让 AI 直接告诉学生答案。但至少现在还无须多虑。如前所述，生成式 AI 存在出现“AI 幻觉”的风险。孩子们不知道正确答案是什么，进而探寻正确答案的过程，其实就是学习的过程，给他们灌输“AI 能轻松告诉答案”的思想是不可取的。

实际上，生成式 AI，如 ChatGPT 和专门为教育打造的“AI 服务”，二者是完全不同的概念。前者存在 AI 幻觉的影响，应当谨慎使用，而后者并非使用 AI 生成的答案，而是用 AI 来“提高学习效率”，应当没有问题。

在教育上使用 AI 并不是一件坏事。通过分析学习结果以提高效率的教育方法已经普及。

例如，日本知名的某通信教育机构在面向初中二年级学生推出的平板电脑教材中搭载了一项技术，可以通过学 [165] 生的手写答案，自动分析学生遇到的疑难问题。其分析的对象不仅仅是答案的正确与否，还包括“笔迹”。通过收集的笔迹，AI 可以找出耗时较长或停顿的地方，帮助学生确定哪些地方是难点。这项由和冠科技[1]开发的数码笔技术，虽然使用了AI进行分析，但并非生成式AI。

文科省对生成式AI的“指导方针”

将生成式AI用于学习，可以分解为“使用生成式AI生成的数据进行学习”“通过生成式AI对话学习”“使用生成式AI进行创作”三个维度。

我们又应该如何正确处理上述三个维度呢？日本文部科学省于2023年7月发布的“初等、中等教育阶段使用生成式AI的指导方针”可作为参考。尽管此项方针的出台颇为仓促，但内容仍算充实。虽然并非针对大学教育，但其基本思路是共通的（原文的网络链接放在了书末的参考资料中）。

166

首先，文科省并没有禁止使用生成式AI来学习。相反，鉴于这一领域的迅速发展，方针指出：“现阶段的正确做法是，一方面验证能够有效利用的场景，另一方面对部分场景采取限制性使用措施。”

此外，该方针还明确区分了AI使用不当的示例和有

---

1 和冠科技（Wacom），日本生产数码绘图板的公司，于1983年在日本埼玉县成立。

效使用 AI 的示例，让人更容易理解。

使用不当的例子主要涉及以下五个方面：

- 在信息素养尚未充分培养的阶段，任由学生随意使用。
- 将生成式 AI 的作品直接作为自己的成果提交。
- 在培养儿童的感性和创造力——如创作、音乐、美术等表达和欣赏——方面，从一开始让其使用 AI。
- 在调查或回答问题时，使用 AI 代替有质量保证的教材。
- 教师过度使用 AI，或单纯依赖 AI 进行学习结果的考核，或者没有进行教育指导，就让学生与 AI 沟通。

167

AI 生成内容方面，要考虑 AI 幻觉的影响，也要优先考虑学生自我思考或创造力的发展。本书作者认同上述观点，而这对于大多数人来说也可以接受。

经常有人提到生成式 AI 带来的一个问题，即“如何处理学生使用生成式 AI 的回答作为作业或报告的情况，以及如何辨别”。

如果作业或者报告的内容扎实，富有逻辑性，人类要轻易地分辨出来是很困难的。虽说有些技术宣传能够检查出是否为生成式 AI 所作的文章，但生成式 AI 本身也在一直进化，在可以预见的未来，技术检查的精确性能否得到保障还不确定。而且，使用非母语所写的文章（典型的例子如日本人使用英文撰写文本）自然存在一些不够自然的地方，可能会因此被误判是生成式 AI 所作。

不过，无论如何，如果是以教育为目的，想必还有别的方法可以验证。比如可以根据学生自身情况，推测内容是否为学生撰写，等等。

168

指导方针还提出“当学生无法通过活动获得学习成果，不能使自己受益时，应给予充分指导”。即建议教师不能只让学生做报告，而应指导学生如何撰写报告，例如“是否包含自身实践经历”“是否包含做报告前的学习准备活动”等。

另一方面，该方针列举的有效使用 AI 的示例有：

- 在信息道德教育方面，教师可将 AI 生成的错误回答作为教材使用，使学生认识到 AI 的性质和局限性。
- 在小组学习和构思活动中，AI 可用于查缺补漏、深化讨论。
- 利用 AI 作为教学辅助工具，帮助学生认识到 AI 生成答案的性质和局限性。
- 用于英语对话练习，学习英语的地道表达方法。

AI 适合用在信息素养教育，也可以提示人们新的创意[169]和想法，帮助我们学习英语，非常推荐成年人使用 AI。

至于上文提到的撰写报告，不能简单地摒弃生成式 AI。可以让学生提交他们与生成式 AI 的沟通记录作为参考资料，或者在阐述阶段加以使用。归根结底，AI 的好坏一切都取决于使用之道。

此外，部分学校还考虑利用 AI 来减少教师的课业负担。其作用类似于商业用途 AI，如准备文书、资料准备等。

另一方面，教育领域如何落实方针也是一个重要问题。听起来似乎很简单，但实际上，学校所在地区和学生的学业水平各不相同。自 2020 年起实施的“面向所有人的全球化和创新之路校园计划”（GIGA School）计划旨在确保日本每个小学生和初中生都拥有一台个人电脑或平板电脑。然而，现实情况却是，这些设备的使用方式因学校政策而异，学业成绩好的学校（主要是公立学校）会积极使用这些电教设备，但在学业成绩不好的学校使用率往往很低。

学生想要使用生成式 AI，也以学校提供设备为前提，[170]不可能马上在所有学校普及推广，更无法保证每个学生平等地享用资源。

从根本上说，IT 设备可以让信息获取变得简单，实现教育水平均等化。但在现实中，读写表述等基本能力和使用意愿的不同，导致差距出现，并以其他形式表现出来。

生成式 AI 还存在 AI 幻觉的问题。重要的是不能简单地照本宣科。毫无疑问，这在教育中也很重要，尤其是涉及强调“自行寻求帮助”的基本教育。如果忽略了这一点，学生就可能会选择照搬 AI 生成结果，充当报告和读后感等作业。

事实上，如何确保基本技能教育似乎才是主要问题。

日本文科省的报告，同样阐述了对该问题的担忧，并采用试点推广的措施。但问题是，条件较好且基本教育水平较高的学校与普通学校之间也存在很大的鸿沟。一般来说，平均收入高的地区，税收所得自然也高，学校有能力使用 IT 技术和设备，而其他地区的学校则处于劣势。若是忽视这一点，不平等现象会变本加厉。

171

IT 和 AI 本应有助于提高人类的能力，缩小既有差距，但由于经济原因和理解接纳的程度不同，这一趋势将继续加剧马太效应，也就是说让会使用 AI 的人群更多获益。

有人从另一个角度指出了问题。

日本教育内容以教科书为基础，其前提是教科书没有错误。因此，老师在教学过程中，会认为学生对教科书的内容没有疑问，并在这一前提下与学生进行对话。无论是生成式 AI 还是互联网搜索，获取的答案都可能包含错误。当务之急是转换教育方法，让学生学会在质疑中发现合理性。

生成式 AI 与隐私

在此，换个话题展开讨论。

在使用生成式 AI 时，人们非常关注隐私问题。

比方说，你向生成式 AI 提问或咨询一个私人问题，又或是涉及公司内部的机密信息等。如果轻易地向生成式 AI 输入隐私信息，在某些情况下，这些内容有可能被用作训练的素材。换句话说，这有可能导致相当程度的“隐私信息泄露”。

172

生成式 AI 是从已经学习过的内容中生成句子。因此，刚刚输入的隐私内容不会立即泄露。不过，在修订大语言模型或优化生成式 AI 时，AI 公司很可能会利用手头的数据，更新生成式 AI 的大语言模型。这样，大语言模型就可能包含已输入的隐私信息，而这些信息可能会在下达另一条指令时出现。

事实上，生成式 AI 与其他互联网服务一样，都会记录敏感信息。这就是为什么在互联网处理信息时需要谨慎的原因。

我们每天都在源源不断生产“私人信息”。仅仅浏览 173 网页和使用服务，就会产生信息，且这些信息会告诉系统你的行为方式和喜好。用户往往不希望这些信息被随意使用，因此公司收集信息时，必须遵守一些原则，例如禁止收集具备个人可识别性的信息数据，或是收集信息时须征得用户许可，等等。

尽管如此，用户在社交网站和公告栏上发布个人或公司信息的情况也不乏其例。又比如，在发送电子邮件或与他人共享文档时，操作失误将其发送给无权阅览的人，甚至是对所有人公开，造成信息泄露。

生成式 AI 的问题在于，比起一般的互联网服务，更难以推测它会何时何地公开用户输入的信息。即使是大语言模型的创建者，也很难弄清学习结果中包含哪些细节。同样，在 AI 学习到某些信息后，要删除特定的信息也变得十分困难。

虽然隐私问题现在看似不算什么，但可以肯定的是，AI 在回答某些问题时可能会泄露与个人隐私或公司机密有关的信息。随着大语言模型的发展，AI 会变得“无所不 174 知”，也会变得更容易泄露信息。

当然，生成式 AI 公司并不想收集个人信息或机密信息，比如个人名字。他们实际想要的是用户属性，即可以用于广告中的个性化信息。他们不想要与隐私有关的信息，因为收集得越多，不必要的风险就越大。或许，可以研制相关技术，过滤掉 AI 学习数据和答案中包含的个人数据等隐私信息。

即便如此，当人们意识到个人隐私的重要性时，AI 可能早已泄露过相关个人信息了。

许多人在互联网上发布信息时，对数据的敏感性麻木不仁。

例如机器翻译。互联网上有“谷歌翻译”等许多免费的机器翻译工具，但在提供方便的同时，暗藏着不少使用风险。向免费的翻译平台输入文本时，数据会被存储在哪里，又会被进行怎么样的处理？大多数人对此一无所知。

就谷歌翻译而言，其用户条款规定“谷歌有权在全球范围内使用用户输入的内容”。换句话说，谷歌“使用”了您输入的信息。

为让诸君深刻意识到这一风险，本书作者在这里采取了极端的说法。谷歌当然不会随意使用数据，用户的数据只会用来改进谷歌服务或提供新的服务。因此，翻译工具并不会通过阅读用户输入的文本发送广告，或是盗用敏感信息……微软的翻译服务甚至明确表示，谷歌翻译会删除任何可能是个人数据的内容。

但无论如何，这些信息都会被披露给服务提供商，因此还是应该重视隐私和信息泄露。

本书第一章介绍的未来翻译公司，主要为日本公司提供翻译服务。尽管服务是收费的，但许多公司还是选择使用，原因不仅在于翻译的准确性很高，还在于它明确表示不会记录或获取用户的信息。

176

许多日本公司采用微软提供的生成式 AI 服务的原因是，微软为公司提供保密服务。很多个体从业者选用德国的 DeepL 付费服务，以保障客户的机密信息。

不过，并非所有用户都能使用付费版本。公司提供免费服务的目的是广告业务，同时收集大量使用案例用于改进服务。无论是翻译、导航还是生成式 AI，普通用户都应该考虑到，自己是在用隐私信息付费，以换取免费使用的权利。

欧盟为什么对隐私如此严格

不同国家和地区对隐私问题的看法大相径庭。

177

美国规定只需要在许可协议中写明即可，日本的要求也基本与美国一致。

有人批评，在这一过程中，写明相关条文的做法偏袒企业一方，让企业占据优势。即使企业公开“许可协议”，能快速阅读并理解其内容的人也是少数。结果多数人很可能在没有理解的情况下就勾选了“同意协议”。实际上，用户想要使用服务，别无选择只能选择“同意协议”。

当然，企业也在完善相关制度。

苹果公司十分强调保护隐私，会将个人信息进行彻底的加密处理，且不收集不必要的信息。当其他公司通过苹果的平台发布应用时，苹果也会要求他们用图标等提示说明应用需获取的数据内容，并在应用开始收集数据时，通过弹出大对话框发出警告。

谷歌虽然收集了大量信息，但个人数据终究是个人所有，谷歌表示不会将个人数据提供给其他公司。在此基础上，谷歌为每个账户设置了“隐私中心”，列出了谷歌正在收集账户的哪些信息，还提供了按需删除信息的功能。谷歌开发的 AI 聊天服务 Bard 也采取了这类措施，用户可以根据需要删除历史问答。

178

ChatGPT 提供了不记录信息的“拒绝协议”（Opt-out）功能。无论公司还是个人，只要按照指定条件选择“拒绝协议”，ChatGPT 就不会记录相关的数据。

但大多数情况下，欧盟仍认为企业制定的隐私方针有所“不足”。

欧盟对隐私问题的严格程度有其历史渊源。二战期间，纳粹建立了国家层级个人信息管理体系，导致种族大屠杀等践踏人权的惨剧发生。此外，欧盟严格对待隐私问题，也是在与美国企业进行政治对抗。

过去，欧盟内部的监管政策由各成员国分别制定，但在 2016 年，欧盟通过了《通用数据保护条例》(GDPR)，因此，在欧盟国家提供服务的各国企业，需要遵守该条例。即使用户不遵守有关数据收集的许可协议，欧盟也会要求企业为其提供服务。据称，总部不在欧盟的企业在面向欧盟国家提供服务时，需要在欧盟境内指派人员与欧盟当局协商，否则很难在遵守相关条例的前提下展开大规模服务。例如，日本的雅虎公司提供的服务不符合《通用数据保护条例》，因此无法在欧盟境内使用。

179

同样，欧盟针对生成式 AI 制定了名目繁多的限制性规定。2023 年 3 月，欧盟怀疑 OpenAI 的大语言模型中包含大量意大利公民的个人信息，意大利命令 OpenAI 停止 ChatGPT 在意大利境内的服务。此外，ChatGPT 没有设定对未成年人使用限制也是一大争议焦点。

总之，同年 4 月，在与意大利达成协议后，ChatGPT 的服务得以重新启动，并添加了前面提到的“拒绝协议”功能。OpenAI 在与意大利的谈判中完善了其注册流程。

尽管如此，包括意大利在内的欧盟国家仍将继续对OpenAI 等生成式 AI 服务提供商实施规制，并继续研究制定相关规则。

180

谷歌的 Bard 直到 2023 年 7 月才在欧盟国家开展服务，而其在同年 3 月份便已经在英语国家，如美国和英国开始运行，从语言角度来看，欧盟国家理应更早开始推广。可实际上，Bard 优先支持了日本和韩国等语言更难适配的国家，导致谷歌花费了更长时间，才在欧盟范围内提供服务。

对此，谷歌 CEO 桑达尔·皮查伊在接受采访时表示："Bard 直到现在才开始在欧盟开展服务有多个原因，相关规定的限制也是其中之一。我们当然希望扩大 Bard 的服务范围。但由于各种原因，服务范围的扩展难免遇到困难。各地语言的本地化工作任重道远。当然，各地区有各地区的制度规定。适应某些地区的规章制度也需要做出更多的努力。"

欧盟要求谷歌持续报告有关隐私问题的情况，意味着双方就隐私问题的争议仍未告一段落，这与 OpenAI 的情况相似。

规则的完善是必要的，但各国的关注点有所差异

181

如前所述，生成式 AI 还涉及版权使用问题。与隐私

问题一样，不同国家对此有不同的看法。

有观点认为“每个国家都应该拥有自己的大语言模型，不依赖其他国家”，这是因为不同国家的立场迥异。

本书第二章提到，日本国内也有人主张应该拥有自己的大语言模型。然而，即使投入大量公共资源，也未必能够创建与 OpenAI 或谷歌相匹敌的大语言模型。因此，虽然政府方面会继续开展独立研究，但利用 OpenAI 或谷歌的平台，面向全球提供服务可能更高效。现在的服务通常跨国提供，将服务“出口”到其他国家也属必然。

各国都不喜欢与他人平起平坐。无论日本、美国还是欧盟，都希望在制定国际规则方面发挥主导作用。在 2023 年 5 月于日本广岛举行的第 49 届七国集团峰会期间，与会国就 AI 的运用规则展开了讨论，并达成了共识，形成了“广岛 AI 进程”讨论框架。广岛 AI 进程的具体内容将在讨论协商后进一步得到明确，并预计于 2023 年底前定型。

182

广岛 AI 进程归根结底只是“建议”，因此不具有约束力，但它对于加速 AI 商业应用来说是重要的行动纲领。

参与会谈的日本总务省国际战略局信息通信国际战略特别交涉官饭田阳一解释说：“不同国家所关心的问题也不尽相同。”虽然各国都很重视隐私问题，但对于虚假信息、危险等关键概念的定义各说各话。与日本相比，欧美更关心安全保障问题。具体来说，这些国家担心用生成式AI生产的大量虚假政治信息、虚假政治宣传等内容，可能会被其他国家用来影响舆论或干预选举。

当然，也有国家的看法与欧美和日本完全不同，那便是中国。中国自2023年8月15日起实施有关生成式AI的规定——《生成式人工智能服务管理暂行办法》。虽然与欧美一样规定了重视隐私的条款，但该办法强调最重要的是“维护国家安全和社会公共利益”。其中明确禁止涉及颠覆政权及社会主义制度的内容，以及可能危害国家安全和利益的内容。此外，如果海外服务商在中国国内不遵循相关规定，将受到严格限制。因此实际上，欧美企业的生成式AI服务不太可能进入中国市场。

183

尽管规定的内容在预料之中，但从扩大市场的角度来看，这也是一个需要关注的问题。

制定国际规则，需要明确如何使用生成式AI，以及使用时应该如何管理及利用信息。对此各国解释不一，其中可能存在无法调和、难以达成一致的地方。对欧美和日本来说，中国的规定相对特殊，但欧美和日本的规则之间也可能存在差异。

因此，为了完善规则的具体内容，以及针对不同国家进行调整，需要我们具备相关的专业知识。既然不能没有规则，那么就必须明确规则，并将这一规则作为保障“商业应用安全”的盾牌。

为此，使用生成式 AI 的企业需要密切关注广岛 AI 进程的动态。生成式 AI 的用户也需要关注各大企业对这些规则的应对之策。

184

第五章

生成式AI所预设的未来

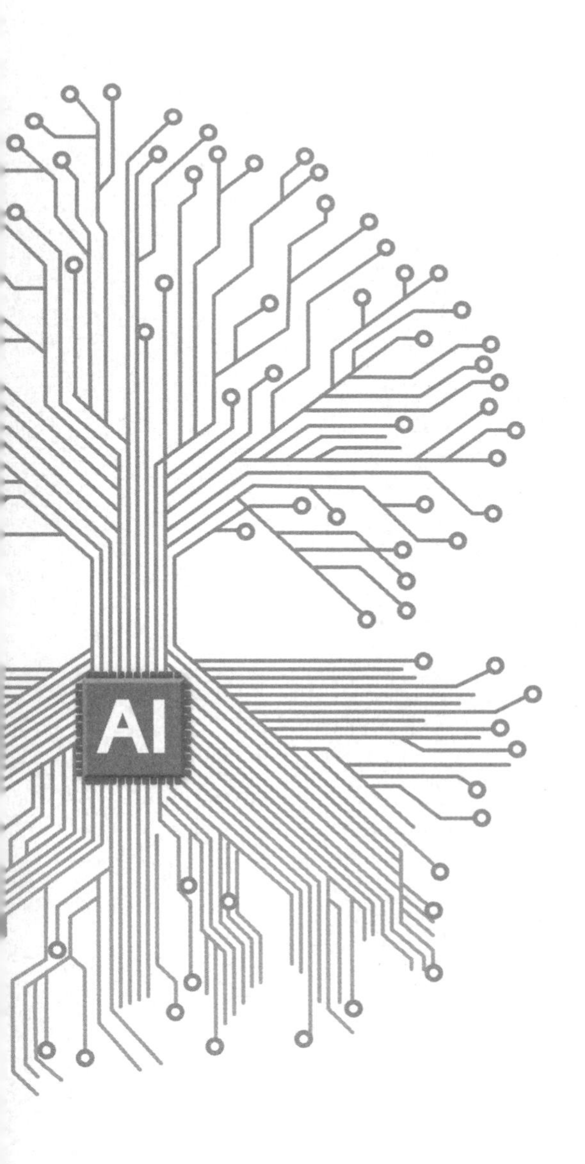

生成式 AI 是否“具有人性”

如本书第二章所述，生成式 AI 是 AI 的一种类型。AI 的目的是在计算机中再现人类的判断和行为，其中，生成式 AI 注重与人类的对话和生成内容的价值。

然而，生成式 AI 产生的“人性化”反应让人出乎意料。生成式 AI 尚不具备智能，但人们却从它的回答中感受到了“智慧”，有时人们甚至会从这些回答中读取生成式 AI 的情感。

2022 年 6 月 11 日，《华盛顿邮报》刊登了名为《谷歌工程师向公司表示“AI 已经成为生命体”》的文章。文章看起来像是小报上刊载的超自然新闻，但其内容本身非常严肃。

当时谷歌正在开发一个名为 LaMDA 的大语言模型。

谷歌工程师布莱克·勒莫因在与 LaMDA 进行对话测试时，开始怀疑 LaMDA 具有类似人类的思考能力和情感。在进行有关宗教的对话时，他感觉到 LaMDA 似乎拥有自己独特的想法，并能够基于自己的看法回答提问。

187

但布莱克的想法遭到了否定。谷歌公关部门面对《华盛顿邮报》的采访时表示：

“我们的团队中有伦理学家和技术人员，并根据 AI 原则研究了布莱克担忧的情况，并已告知他没有找到相关证据能够证明他的观点。”

事实可能确实如此。

这条新闻发布后，许多研究 AI 的学者都否认现在的大语言模型具有与人类相同的智能和情感。

2023 年 6 月，作为卷积神经网络[1]研究的代表人物，深度参与生成式 AI 的研发，同时也是纽约大学教授兼 Meta 公司首席 AI 科学家的杨立昆[2]，在法国举行的维瓦科

---

1 卷积神经网络（Convolutional Neural Networks, CNN），一类包含卷积计算且具有深度结构的前馈神经网络（Feedforward Neural Networks），是深度学习的代表算法之一。

2 杨立昆（Yann LeCun），法国计算机科学家，脸书副总裁兼首席人工智能科学家，以在光学符号识别和计算机视觉领域使用卷积神经网络进行的研究工作而闻名，同时他还是卷积网络这一方法的创造者，与莱昂博图共同开发了 Lush 这一编程语言。为表彰其在深度学习领域的研究成果，他被推选为 2018 年图灵奖的获奖者之一。

技大会（VivaTech）上表示：“目前大语言模型的能力连狗都不如，很难说它们获得了真正的智慧。”

大语言模型旨在为 AI 构建流畅的语言体系。如笔者在第二章解释，大语言模型并不是用于提高回答正确率或是基于现实回复。归根结底，大语言模型的作用是让答案看起来“自然”。笔者反复强调“不应完全相信生成式 AI 的回答”，生成式 AI 本身并不判断答案正确与否，因此不能将其作为判断的标准。这么看来，诸君或许便能明白，为什么笔者认为“基于当前大语言模型的生成式 AI 并未具备智能的条件”，并且赞同“目前的大语言模型不具备智慧”的原因。

188

有一种观点认为，谷歌对于公开使用 LaMDA 的生成式 AI 保持谨慎，可能受之前有关 LaMDA 的风波影响，不过该公司给出的官方解释是，基于公司内部的 AI 原则采取的措施。

“图灵测试”和“中文房间”

“图灵测试”是一项有名的 AI 实验，是英国数学家及现代计算机学科的奠基人艾伦·图灵（Alan Turing）在 1950 年的论文中提出的思维实验。

实验概要如下：

在自己看不见的地方安排人与机器，然后通过打字或189 便条等方式，分别和他们进行对话。

在这一过程中，如果自己仅凭文字内容无法区分对方是人还是机器，那么可以认为“该机器具有与人类相当的智能对话能力”。

然而，也有反对意见认为，单靠图灵测试不足以检测AI 是否具有智慧或人心。

加州大学伯克利分校名誉教授，哲学家约翰·塞尔[1]提出了一个反对图灵测试的思维实验，叫作“中文房间”。

将一个只识英文的人关在房间里，再给他一张写有中文的纸片，由于他从未见过中文，自然没有办法理解内容。但房间里有一本手册，手册中虽然没有说明文字的意思，但规定“如果收到写有文字的纸片，就按照规则在纸片上添加符号后放回”。房间里的人根据手册上的指示，190 在纸片上添加符号之后，再将其放回。

实际上，这本手册中列明的规则，旨在让使用者能用中文做出通顺的回答。懂中文的人如果看到被测试者放回的纸片，一定会断定屋子里的人会中文，而且是经过思考

1 约翰·塞尔（John Searle），著名哲学家，曾师从牛津日常语言学派主要代表、言语行动理论的创建者奥斯丁，深入研究语言分析哲学，后当选美国人文科学院院士。

给出的作答。但很明显，房间里的人并不会中文，他只是按照规则排列符号而已。能够做出回答，并不意味着这个人“理解了这门语言并做出了智慧反应”……不言自明，这个“中文房间”正是对计算机功能的比喻。

无论是“图灵测试”还是“中文房间”，有关这些思维实验的有效性和解释都受到了许多批评和讨论。本书展示的内容仅仅是非常基础的讨论。

但是，这两个思维实验为判断使用大语言模型的生成式 AI 是否“看起来具有智能”提供了明确的论据。

人类确实会主观地将这些看作 AI 具有智慧的反应。但能做出智慧反应的对象真的具有智慧吗？

毕竟，目前生成式 AI 处理的信息类型与人类相比极为有限。生成式 AI 处理的信息以文字为主，而它对图像、视频、声音等信息的处理能力有限。生成式 AI 虽然可以“用图像来回答”，但处理输入图像或声音的功能才刚刚问世。而且像人类那样“综合输入的信息并思考回答”的形态，还处于极为早期的阶段。前文提到杨立昆对大语言模型作出如此评价的原因正是生成式 AI 缺乏人类特有的“多模态”要素。

但是，人们仍会从生成式 AI 创造的文本中“感受到”AI 的智慧和个性。

也有观点认为，判断对方是否拥有智慧的，是人类的主观感受，如果对方能满足主观感受，那么或许就可以认为对方拥有智慧。这其实是图灵测试的延伸。

或许有人也会认为，如果大语言模型和生成式 AI 发展下去，那么基于大语言模型的生成式 AI 可能会诞生出接近人类或超越人类的智慧。

192

大语言模型会成为通用人工智能吗

目前研发生成式 AI 的企业中，有不少并非以开发为目的，仅将其视为一个过程……

如今，热门的 OpenAI 公司将其最终目标定位为实现“通用人工智能”。

不仅仅是 OpenAI 在致力于实现通用人工智能。2023 年 7 月 12 日，创立特斯拉和 SpaceX 等企业的著名企业家埃隆 · 马斯克，成立了一家名为“XAI”的新公司。该公司的目标是“理解宇宙的本质”，也就是说，他想要开发比人类更聪明、能够分析世界本质的通用人工智能。

193

其实，马斯克曾是 OpenAI 的初期投资者。但是，他与塞缪尔 · 奥尔特曼等 OpenAI 的创始者出现了意见分歧，并于 2018 年挂冠而去。马斯克以不同于 OpenAI 的方式开发 AI。目前，这些企业不知道如何从大语言模型转为通用人工智能。另外，专家们对于大语言模型的最终发展方向是否为通用人工智能这一问题有截然不同的看法。

2023 年 6 月，总部位于美国的电气信息工程学术研究机构和技术标准化机构“美国电气电子学会”（IEEE）旗下学术期刊《IEEE 纵览》（*IEEE Spectrum*）对全球著名的 22 名 AI 研究者进行了一项调查。

问题有三个，第一个就是：像 GPT-4 这样成功的大语言模型，通过通用人工智能是否也可以实现。

8 名受访者认为这与通用人工智能有关，另有 13 名受访者认为不是，1 人认为有可能。

然而，至少有一点可以确定，OpenAI 等公司相信“在未来存在超越人类智能的可能性”。OpenAI 的 CEO 塞缪尔·奥尔特曼也给出了同样的回答。

194

在当前时间点，AI 在生产力方面的进化速度已经远远超越人类，如果在思考面上做出进一步突破，可以肯定的是，AI 可以比人类更快地进行大量思考，从而最终拥有比人类更优秀的智慧。同样，本书作者也认为存在这种可能性。

如果通用人工智能最终落地，将对整个人类产生无法估量的影响。复杂的判断，将决策交给 AI 可能比人类更稳妥，这将对人类的工作方式和创造性产生影响，也会对宗教观和生死观产生影响。如果 AI 能够进行超越人类的思考，那么重现（模拟）人类的思考也可能成为现实。连人的生老病死也能超越，普通人又该如何面对这样的社会呢？即使通用人工智能不能直接消灭人类，但通用人工智能的出现可能导致社会发生不可逆转的变化，而这种变化可能会是破坏性的。

然而，这种情况可能不会立即发生。即使实现了，也可能是几十年后的事情，抑或是需要耗费十几年才能变成现实。但就影响而言，人工智能即将改变社会，可以说几乎是不可避免的问题。

195

目前的生成型人工智能面临着 AI 幻觉的问题。但另一方面在学习源的不断优化与情报源的进一步明示下，AI 回答的精度仍有很大的提升空间。在计算和逻辑推理方面，人工智能仍然存在一些令人意外的弱点，但日常的完善工作正在持续进行。虽然还不够智能，达不到通用人工智能的水平，但在某些特定领域，它已经展现出超越人类能力的表现，这将使 AI 不再需要依赖人类，很快人类对此司空见惯。对于就业和劳动方面的担忧也会因此加剧。“进一步，退两步”的精度变化表明，AI 的进化过程绝不简单。

一切图像均由 AI 制作的未来是否会到来

自 2022 年起，人工智能生成的图像和视频的质量大幅提升。初期，生成的图像偏向于特定风格，并且手部和头发等细节很容易表现得不尽自然。尽管现在还会出现这种情况，但 AI 的进步已经相当之大。自从 Stable Diffusion 发布后，出现了专门用于生成特定风格和内容的 AI 产品，还出现了控制图像风格的技巧和工具。就结果而言，相较于文本生成，AI 在图像和视频领域的发展，更早地引发了人们对于“生成式 AI 夺走普通人工作、侵犯艺术家的权利”的激烈争论。

196

当然，让生成式 AI 生成部分图像或照片，可以减少人类的工作量，或为了自娱自乐、寻找回忆制作图像，自然没有任何问题。但生成的图像很难使用文字信息对其进行修改。

能够像人类一样绘制图像意味着，AI 可以以图像或视频再现任何场景。

人们通过相机记录图像和视频，后面出现计算机图形技术，使得我们能够在不拍摄事物的情况下创建视频。但是，计算机图形设计最终也需要人在虚拟世界中创建场景，并用虚拟相机拍摄。制作过程需要比想象中更多的人力，以及更多的艺术性工作，并且生成视频也颇为费时。

然而，如果真的能够通过生成式 AI 制作一切影像，就不再需要通过相机拍摄影像。就像人类手绘动画一样，整个影像可以完全由 AI 生成。无论是传统动漫风格还是写实表现，均不在话下。

197

从现实角度来看，生成式 AI 在时间、成本和质量方面均超过人类，虽然生成一部完美的影像还需要相当长的时间，但如果只是生成部分影像，需要的技术进步和学习数据相对有限，因此相对容易实现，就比如第四章中提到的《犬与少年》。本书作者认为生成质量问题可能在数年内，最迟在 10 年内得到解决，并成为创作者的常用工具。

一旦迈入成本极低的通用人工智能世界，大部分影像都可由生成式 AI 完成。然而，除了人工智能之外，这需要其他技术进步的配合，目前来看仍然任重道远。

198

AI“安装”至人体的时代

关于 AI 是否可用于教育领域的争论，如本书第四章所述，已经有了明确的观点。然而，如果人工智能继续发展，可能会出现另一个论点。那就是“人工智能能否超越人类教师”。角川多万戈学院[1] 的理事川上量生在 2019 年前

1　角川多万戈学院（角川 DWANGO 学院），2015 年设立的日本社团法人。

曾担任角川会社（现为株式会社 KADOKAWA）的董事兼社长。他因积极推动教育技术引进而闻名。该会社经营的通信制高中“N 高等学校”和“S 高等学校”利用虚拟现实技术进行授课、修学旅行，以及交流等班级活动，还运用信息技术运营学校。截至 2023 年，他们尚未全面引入人工智能。但在之前的采访中，他曾经这样表示：

“当前的机器学习可以归入人工智能教育产业。也就是说，各方正在竞相研究如何对人工智能进行教育，以获得良好的结果。最终，建立起针对各种智能的通用教育理论。而且，作为部分解答，我们预计 AI 会开始理解‘针对人类智慧的教育理念’。”

200

要实现这一点，有必要分析教授什么内容时会产生怎样的效果。在 N 高中和 S 高中，可以通过课程材料的使用记录和虚拟现实使用记录来评估学习效率。

然而，在教育中利用 IT 技术时，川上表示重要的是“在学生需要时提供必要的信息”。

比如，在进行英语会话练习时，如果能在恰当的时机提供提示，效果就会更好。川上用独特的方式来解释这种教育模式：

“不断优化教学方法，就是朝着将教育安装至大脑的方向发展。然而，由于学习的本质不同，人类不可能像计算机软件那样在瞬间完成，比如说将线性代数‘安装’入大脑中需要30小时。但是，AI应该能够自动判断每个人的有效学习方式，也就是‘安装’的方式，所以这样的时代肯定会到来。且可能会比学校还要早，例如在英语补习班这样的兴趣班中逐渐试点运行，但迟早会影响到教学互动。”

比起现在讨论“是否应该在学校使用生成式AI”，在那个时候，肯定会出现更大的争议。虽然在学校教育中使用生成式AI会很有效果，但这将促使我们进一步明确“教学”和教师的职责。根据情况，如处理人际关系或提供职业道路指导等方面的问题和咨询，教师作为与儿童和学生互动的前线角色可能会变得更加重要。

防止“工作被AI抢走”的最佳对策

AI的发展进化，必然会大幅改变劳动力结构。归根结底，关于图片生成式AI的讨论，以及关于AI在教育中的讨论，最终都会引向“AI是否会夺走人类工作”的担忧。

对此趋势，像笔者身处的作家行业也无法幸免。如果生成式AI可以轻松地写出新闻或评论，作家的工作会减少吗？正如本书第三章所述，与人类教学相比，与软件一起“配合进行”的方式在编写软件程序方面效率更高。尽管今天的生成式 AI 还无法生成超越作家的文章，但未来生成的质量势必会大幅提升。

虽然有人希望人工智能可以积极地夺走工作中的“作业”，但自己所做的“工作”中“劳作”的部分非常有限，自己表现出色和富有创造性……能挺起胸膛如此表态的人应该少之又少吧。

的确，也许今天不会被 AI“抢走”工作。但是，10 年 20 年后，随着工作中的“作业”的成分减少，没有证据表明，不会有企业领导会提出“工作量减少所以工资也减少”的论调。

对于这一观点，谷歌 CEO 皮查伊反驳道：“回顾过去 20 年，可以说技术推动了某种形式的自动化。结果，人们一直怀疑‘工作会被夺走’。然而，我们的社会已经克服了此类异变。同时，不应低估 AI 带来更多经济机会的可能性。这与互联网给社会带来的影响相似。虽然可能会出现一些混乱，但正因如此，政府的角色变得非常重要。虽然并不存在尽善尽美的解决方案，但我相信会出现许多积极的使用案例和更多的机会。”

202

换句话说，这派观点认为，随着新业务和工作机会的出现，一切都会朝着积极的方向发展。从某种意义上说，这是 AI 和 IT 系统提供方进行的积极宣传，但从笔者的角度出发，对此不持反对意见。

在 20 世纪 70 年代，个人电脑和文字处理机在诞生后，一度被视为“纸质打字工具”。因此，彼时在部门内部，领导通常会将纸质备忘录交给下属，然后由他们负责打字录入，最终得到一份漂亮的打印文件。

然而，这种情况已经不复存在。首先，这种方法效率低下。文件已经转换为数据，并通过电子邮件或商务聊天软件实时发送，所有工作都应该由自己完成。

203

另一方面，在企业内部，为了优化文件的呈现形态，可能需要设计，而且为了快速沟通，文档的数量可能会增加。因此，生成式 AI 首先被用于应对速度和数量的变化。

从目前的情况来看，要想让人们的生活变得更顺畅，就必须加快其背后运行的系统的速度。网购变得理所当然，购物环节变得轻松，但物流的高速化和高可靠性也成为支撑这一功能的基本要求。依靠单纯的人力投入与工作热情来解决这些问题毫无意义，应该通过建构庞大的 IT 系统和高效运转的配送网络加以应对。

目前，虽然电子商务和物流业确实受益于 IT 系统，但仍然存在一些未解决的问题。AI 的进步将有助于相关问题的最终解决。

204

在农业和渔业等领域，同样存在着利用传感器收集信息，然后进行各种预测，以提高收成和培育效率的趋势。数据分析和预测，都需要 AI 的支持。

以这种积极的态度，着眼于 AI 的进化，改变工作方式和业务结构，或许是应对“被 AI 夺走工作”的最佳办法。

生成式 AI 本身只是一种技术，因此不必过度担心被 AI 夺走工作。即使在通用人工智能普及的情况下，从人类的角度来看，AI 也应该被视为一种“工具”。也许有一天会出现关于是否应该承认通用人工智能的类人权利，以及如何与之共事的讨论。但这些讨论可以在通用人工智能实现后进行，并且可以在科幻和哲学领域充分展开。

人类的价值在于“肉体”

考虑到 AI 难以处理部分对人类来说很简单的任务，有时会出现颇为讽刺的情况。人类擅长的是需要运用肉体的工作，而不是知识性的工作。

比如，假设桌子上有一个杯子，需要将其放入水槽。对人来说，这只是举手之劳的小事，但是目前还没有一个机器人敢保证能够在任何环境下都能完成这项任务。

工业机器人可以在工厂的同一生产线上高速、高精度地完成大量作业，但这是因为它们处于一个固定的环境中。开发一个像人一样能够在任何地方准确执行一定的任务的机器人相当困难。

例如，在亚马逊的“集散中心”，有大量的机器人被用于包裹移动和分类。但是，将货物放入箱子的拣货工作通常由人在机器人的指导下完成。这是因为目前没有其他实体具备像人一样的工作灵活性。

自从新冠肺炎疫情以来，由于人手不足和卫生措施，食品店内使用机器人进行上菜的例子显著增加。然而，这些上菜机器人只能用于“移动”，而将食物放入上菜机器人中，以及将食物端到客人桌上，仍由人类负责。这突显出“手”的便利性和合理性，因此将这些任务留给人类是合理的决定。

AI 对于机器人来说扮演着重要角色。要实现准确移动并确保安全，AI 控制不可或缺。随着在未来可能人工智能等信息交流需求的增加，生成式 AI 也将变得重要起来。

206

然而，要创造出与人这种“生物机械”相媲美的存在，需要大量的技术突破，因此很难立即实现。

即使创建出像人或狗一样能行走或做体操的机器人，要达到人的水平，还有很长的路要走。

因此，生成式 AI 和通用人工智能与人类的区别在于“灵活且低成本的运动能力”，肉体劳动可能是人的差异化因素之一。

高强度的肉体劳动对人来说并不容易。笔者认为，理想情况下应该是“尽量减少人身体的使用，而是由人和 AI 共同考虑和规划工作方式”。然而，要让企业领导转变思维，开始考虑为“拥有身体作为差异化因素的人类”支付更多成本，当然，这可能相当困难。

人工智能的“偏见”

必须承认的现状是，AI 需要面对重要的难题，即学习数据中的偏差导致的“偏见”。

这个问题首先在“人脸识别 AI”，而不是生成式 AI 中引起了关注。亚马逊、微软、国际商业机器公司等公司正在推进基于人脸识别的技术销售。在日本，典型的研发公司如日本电气和富士通。然而在 2020 年左右的美国，鉴于对警方等使用人脸识别技术所引起的批评声音，相关企业开始重新考虑提供此类服务的行动。这是因为美国警方使用的人脸识别技术可能产生不利于特定人种，如非洲裔美国人等的数据。

207

确实，AI 的人脸识别是指根据大数据并遵循一定规则来分类和提取人脸的技术。但正如本书第二章所解释的，目前实现这一技术的不是智能本身。

人脸识别和语音识别等技术之所以能够在成本较低

的设备上实现，是因为当前的机器学习方法促成了这一技术的革命性进步。机器学习采用了一种方法，即通过学习在模糊和多样的数据中产生规则，而无须人类详细设定规则。因此，这些技术被称为“人工智能”，是因为它们在某种程度上或更多地将人类的认知和分析能力作为一部分，嵌入到了机器中。

另一方面，这些技术存在着根本性的挑战。

2015 年，谷歌的一位工程师发现了自己使用的谷歌照片管理服务（Google Photos）中存在错误。他的朋友的照片被标记为“大猩猩”。动物识别功能误操作，导致人类的脸被错误地标记成了动物的面庞。

208

这个故事乍听起来像一个笑话，大可以一笑了之，但其实揭示的问题十分深刻。

人们经常会误认各种事物。如果机器以类似于人的方式进行识别，自然也会犯同样的错误。

图像识别中存在着一个被称为“吉娃娃还是松饼”（Chihuahua or Muffin）的经典问题。当把这两者的照片交替排列时，即使对人来说也不容易立即分辨出结果。类似的现象还包括墙上看起来像人的形状的污渍。

图像识别中存在这样的情况：深肤色的非洲裔人士的脸有时会被误认为同属于灵长目的大猩猩。当肤色较深

时，整个图像的对比度会降低。如果照片质量较差，由于对比度较低，识别精度就会相应降低。 209

这就是发生在 2015 年的谷歌照片事件。尽管可以将其视为当时图像识别技术尚未成熟导致的简单误识问题，但由于其主题敏感而引发了人们的敏感反应。

技术发展需要推动以确保机器不会犯人们会犯的错误，同时，也不能忽视人的情感。

另外，还存在着由机器学习数据引起的问题。

学习数据存在偏差时，由此产生的认知结果和判断也会出现偏差。虽然不是针对图像识别，但在自动翻译中这种影响往往更为显著。

例如，“医生”这个词出现在人名“西田”旁边。在日语中，这里没有性别的因素。但是在翻译成英语时，有时候在“Nishida”之前会加上表示男性性别的尊称“Mr.”。这是因为医生这个职业通常与男性相关联。这种情况源于用于训练的数据存在这样的偏差。

AI 也存在“假阳性”问题

识别、翻译等技术总会出错。即使人类也无法免俗，哪怕使用软件也会以别的方式出错。 210

但问题在于，软件使用者往往不会因为软件会出错就弃之如敝屣。

2020 年左右，新型冠状病毒检测尚未普及时，有人说新冠肺炎病毒不是做个检查就能查出来的。因为无论是核酸检测还是抗体检测，都有可能出现实际上不是阳性，检测结果却显示阳性的“假阳性”，以及结果显示为阴性但实际上是阳性的“假阴性”反应。检测类型不同，假性反应的比例和检测准确度也不同，因此必须在认识到这一点后采取相应的措施。

AI 识别同样包含“假阳性”的现象。如何评估“假阳性”发生的概率，以及在这种情况下如何处理。如果没有应对这些的指导方针，就无法正确使用 AI。但实际上，相关讨论其实都未曾如此深入。

考虑可能会出现这种错误，一些大公司制定了“AI 原则”，包括“如何应对这类错误”和“AI 正确率达到何种程度才能导入使用”等事项。据说，谷歌开发了 LaMDA 这样的大语言模型，却没有将其引入市场，正是因为内容的正确率没有达到该公司设定的 AI 引入原则的标准。

211

在美国，警察部门引入面部识别技术的问题备受关注。这是因为在数据以及学习过程中人为制造的信息偏差，可能导致误将无辜者识别为有犯罪记录的人，以及有人指出警察先入为主进行调查乃至采取强制措施的危险性。也就是说，这是因为相关人员没有充分认识到“假阳性的危险性”，且完全将其作为参考依据所致。

说起来容易，但实际上，怀疑 AI 的判断十分困难。对人类来说，将判断交给机器更加轻松，而且人类往往会倾向于将责任转嫁给 AI。

要使用 AI，就要制定规则，规定“如何使用会犯错的工具”。停止推广面部识别技术或重新评估该技术，可被视为对偏见带来的不良影响的应激性反应。不仅如此，这也可以看作对企业过去自主制定的 AI 引入方针的有效性及价值的重新评估。

这自然不意味着我们应该避免使用面部识别等 AI 技术，毋庸置疑，这种技术在大多数情况下行之有效。重点在于，当出现错误时该怎么办，在考虑到这一点后，就该探讨如何使用它们等规章制度上的问题。

212

如果国家要使用上述技术，可能还要考虑其他优先事项，如国民的安全等。应该对无限制使用 AI 技术持谨慎态度，但另一方面，也需要法律上明确“必须使用的情况”。

避免滥用很重要。为了避免产生种族或性别偏见，需要从信息的必要性这点来判断。考虑到隐私问题和误识别问题，回到“是否真的时刻需要面部识别”的原点也很重要。识别某人的面部，并追踪其行动，真的对“工作”不可或缺吗？

AI 的应用会继续普及，希望有关方面出台合理的方针及规则，将其应用场景限制在必要的范围内。

面向“负责任 AI”的企业与国家

213

目前，各国正在展开关于“负责任 AI”的讨论。

谷歌、微软、索尼等拥有 AI 技术公司已经开始组织计算机科学家、哲学家、法学家等专业人士，自行制定“负责任 AI”运营指南。有人认为，谷歌落后于 OpenAI 的原因就在于此。

但单凭企业做出努力，依旧无法满足国家的需求。

本书第四章提到，日本政府倡议各国落实“广岛 AI 进程”，而该提案正是在这种趋势下应运而生的。

2023 年 6 月 14 日，欧盟议会原则通过了《人工智能法案》，预计将在 2026 年左右实际执行。简单来说，法案要求在使用生成式 AI 时保持“使用透明度”。

在欧盟内提供服务的生成式 AI 公司，需要在生成物中明确标注“由生成式 AI 产生”，并且，使用作品进行学习时，也要公开作品来源。同时，法案还要求公司在欧盟的数据库进行注册并保存相关技术资料。注册时，根据风险大小，公司提供的服务会被分为四个等级，并向消费者明确公布。如果被判定为“不可接受”的最严格等级，该服务很有可能被勒令整改。

214

美国政府在2023年7月21日宣布，与国内7家经营生成式AI业务的公司达成了协议，实施确保AI安全性的规则。达成协议的公司包括OpenAI、谷歌、微软、Meta、亚马逊，以及生成式AI相关的初创公司Anthropic[1]和Inflection AI[2]。

与欧盟一样，美国政府要求相关公司明确成果是生成式AI的生成物。此外，也要求公司努力消除前文所述的“偏见”。虽然这项协议没有约束力，但会设立机制，定期监督业内公司是否遵守相关协议。

如本书第四章所述，欧盟正试图用严格的法规来应对这类问题。日本和美国则反之，采取了公司层面的监制之道。无论如何，各国都在考虑制定相关AI规则，这也是考虑到未来生成式AI可能会逐渐接近通用人工智能的发展趋势。

---

1 Anthropic，美国的人工智能初创企业，专注于开发通用人工智能系统和语言模型，并秉持负责任的人工智能使用理念。

2 Inflection AI，一家主打机器学习和生成式人工智能领域的硬件和应用程序科技公司，总部位于美国。

因此，尽管各国对 AI 的看法不同，但大家都在推进讨论、制定规则。其中也涉及美国和欧盟的主导权之争，以及日益扩大的中美贸易摩擦等影响。

215

那么，企业方面又如何看待此事呢？

关于规则的必要性，谷歌承认需要遵守规则使用 AI。OpenAI 的 CEO 奥尔特曼在 2023 年 5 月 16 日美国参议院专业委员会听证期间发表证言：“我们认为 AI 在某些情况下可能会走向完全错误的方向，并希望强调这种危险性。因此，我们希望与政府合作，确保此类事态不会发生。”

谷歌 CEO 皮查伊也在该月的新闻发布会上表示：“使用 AI 获利巨大，但安全性同样重要。必须妥当执行规定。因此，我们希望不要因为地缘政治就抛弃安全、推卸责任。关键在于保持平衡，处理重要技术创新时，也需要考虑国家安全问题。”

这些公司与政府在“负责任 AI”方面立场一致，因为透明性、内容保证、学习数据的著作权等确实是“存在的问题”。

渥美坂井法律事务所外国法共同事业合伙人三部裕幸

216

律师曾参与编写了日本自民党“AI 白皮书”。他就 AI 及相关法律规制发表了自己的见解：对商业活动来说，相较于放任不管，更为可取的态度应当是以适当形式加以规制。

规则不应该成为商业的阻碍，相反，应该将规则视为商业活动的保护伞，以此推进相关事宜。

美国 IT 巨头正是基于这种思想颁布一系列举措。可以说，公司不能站在政府对立面，如果规则不可或缺，在推进开发时，就要自发地将规则本身视作盟友。

日本国内也有着类似的讨论，连政府也打算向私营企业询问 2023 年底的“广岛 AI 进程”相关事宜，并谋求在进入“全面 AI 开发时代”时保持日本的领先地位。

另一方面，规则可能会限制 AI 发展及其带来的创造性。因此，预计会出现更多不在大型云平台上运行，转而寻求开放开发、在本地运行的 AI 模型。但无论如何，人类需要对 AI 负责，也需要考虑极端情况下的对策。国家提供框架，大公司在框架下入局 AI，以应对企业无法承担责任的情况。

不断进化的 AI 会“毁灭文明”吗

在此，提及另一个重要问题。

在科幻作品中，AI 经常被描绘成反派角色。科幻作品如何描述暂且不论，当具有超越人类智慧的通用人工智能诞生时，人类将会面临何种危机？说到底，通用人工智能是否会成为对人类构成威胁的存在？

2023年3月，美国非营利组织“未来生命研究所”（FLI）向OpenAI等发出了一封公开信，要求立即停止类似GPT-4的大语言模型的学习至少六个月。这封信的联署者，除了苹果创始人之一史蒂夫·沃兹尼亚克[1]外，还有加拿大计算机科学家约书亚·本吉奥[2]，直接参与生成式AI开发的马斯克以及开发了Stable Diffusion的Stability AI首席执行官埃马德·莫斯塔尔克。

此外，多伦多大学荣誉教授、曾供职于谷歌AI研究部门的杰弗里·欣顿[3]在同年5月承认已离开谷歌。他离开谷歌是为了以中立的立场对远超他自己预期的AI进步发出危险警告。

218

欣顿、杨立昆和约书亚·本吉奥一起打下了当前AI技术的根基——“卷积神经网络”。2018年，三人因为对AI进步的贡献而被授予有计算机科学界诺贝尔奖之称的图灵奖。但五年之后，三人中的两人都对AI的进化速度感到担忧……

---

1 史蒂夫·沃兹尼亚克（Stephen Gary Wozniak），波兰裔美国电脑工程师，曾与史蒂夫·乔布斯合伙创立苹果电脑公司。

2 约书亚·本吉奥（Yoshua Bengio），法裔英国科学家，2018年图灵奖得主，英国皇家学会院士，蒙特利尔大学教授，Element AI联合创始人。

3 杰弗里·欣顿（Geoffrey Hinton），英国科学家，2018年图灵奖得主，英国皇家学会院士，加拿大皇家学会院士，美国国家科学院外籍院士，多伦多大学名誉教授。

实际上，关于 AI 的快速进化是否“危险”这个问题，许多业界人士都表示了一定的担忧。前面提到的“人类所无法承担责任的事态发生”指的就是这一点。但是，关于它是否会导致所谓的灾难，意见的分歧相当明显。

前面提到的《IEEE 纵览》所做的一项调查也提出了“通用人工智能是否存在导致文明毁灭的危险性”这个问题。

关于这个问题，有 4 名受访者选择“是”，12 人选择“否”，6 人选择“可能”。虽然认为有直接可能性的研究者并不多，但认为可能性并非为零而对此感到担忧的人也不少。实际上，连塞缪尔·奥尔特曼、杰弗里·欣顿和约书亚·本吉奥也都选择了“可能”。

不管是选择“是”的人还是选择“可能”的人，在调查的评论中都未考虑所谓“AI 反叛”的危险性。

欣顿的评论很典型。他说：“直到最近，我都还认为要实现通用人工智能至少需要 20 到 50 年。但现在，我认为在 20 年内就可能实现了。”（摘自欣顿在《IEEE 纵览》发表的评论）

他还警告说，无论通用人工智能能否实现，如果任由其在没有规范和透明讨论的情况下野蛮发展，AI 可能会给出人类意想不到的答案，并对社会产生负面影响……

正如本书第二章所述，现在的 AI 并不会像人类一样 220 思考。雷库恩指出，生成式 AI 并不具备人类思维的多样性，可以说其只不过是像前文所提到的思考实验“中文房间”所描绘的那样罢了。即使看起来像是人类的回答，现在的生成式 AI 决策的方法论也不同于人类，认为它们是依靠像人类一样回答的又有别于人类的智能来行动更恰当。

生成式 AI 有可能让我们的生活变得更轻松、更丰富。但是，用拟人化的描述来说，“他们”的智能（看起来貌似是），以与人类不同的视角而展开。因此，不能轻信它们做出的应答，最终的判断和责任、监察都必须由人类来承担。

更确切点说，一种从另一个角度来支持人类的东西正在诞生，而这样做更安全、更有建设性。

今后，在知识储备方面，人类发挥的作用可能会越来越小。因为已经有了一个庞大的“网络”数据库，以及通过从中学习来为人类提取信息的生成式 AI。在“从知识中提取所需内容”的作用上，生成式 AI 将会超越人类，也 221 会大幅度减少人力成本。尽管这种想法自 20 世纪 90 年代网络出现以来就已存在，但直到现在，这一切才终于成为现实。

既然这样，人类就需要更有意识地为自己和后代做出有利的判断。如果使用了错误的内容就会对自己造成不好的影响，即使为了追求便利，只要目的是“学习”，那么追求便利本身也会造成负面影响。为了能够做出这样的判断，相应的知识和学习就必不可少。归根结底，如果不了解，就无法做出判断，而一个人并不能连判断都不做就仅仅依赖 AI 生活下去。

今后，如果出于各种目的而对 AI 的学习和应用进行规范限制，那么希望将其作为拥有自由思维的助手来加以利用将会变得更困难。用户在借助 AI 创作作品时，有时会故意表现一些违背伦理或不合常理的内容。在这个过程中，如果使用的是“有规则限制的 AI”，可能会变得更加困难。

因此，人们可能会对能够不经过服务器、直接在自己的设备中运行的生成式 AI 产生需求。然而，很少有人愿意为了让 AI 成为能够完全自由创作的助手而投入巨资准备高性能个人电脑。在明白对方只会给出符合规则的答案之后，就会觉得果然还是人类能够更自由地思考问题。

222

生成式 AI 的两个“不妥的真相”

最后，本书还想指出另一个重要看法，那就是“持续性”。

AI 存在两处“不合理的事实”。

其一，AI 的学习需要投入大量的人力。

特别是在图像识别和语音识别的 AI 中，经常使用“有监督学习”。这意味着需要“教师”来教导 AI 看到的是什么。这个教导的过程被称为“标记”，在给大量数据打上表示其内容的“标签”时，往往需要人类加以实现。由于成本太过高昂，因此存在让劳动力以接近最低标准的工资，进行大量机械式标记工作的情况。

以 GPT-4 为代表的大语言模型，在初始学习阶段采用的是不需要“教师”来标记的“无监督学习”，因此与

223

图像识别 AI 相比，它对标签的依赖程度较低。但是，一旦具有一定规模的模型开始根据应用方向进行“微调”，通过人工持续提供反馈来优化答案的质量就会成为必不可少的过程。因此，需要大量人力的介入。

每家公司都对 AI 的学习成本非常敏感，因此倾向于使用无监督学习的公司越来越多。只不过，大型 IT 企业的 AI 发展一直依靠极具剥削性的“标记”劳动。这也许称得上是一个不合理的事实。

今后如何让 AI 的学习摆脱不人性的标记和反馈工作，已然成为一项重大的议题。同时，学习所使用的内容的透明性也非常重要。

其二，“能源”问题。

目前的生成式 AI 依赖高性能服务器，配合具有超大内存的“图形处理器”学习和推理。目前，用于生成式 AI 学习的高性能服务器配置基本上选用英伟达公司出品的高性能图形处理器，据说一台服务器要消耗近 2 千瓦的电力。值得一提的是，据说不需要高性能图形处理器的服务器每台只需约 500 瓦的电力，二者的能耗差距将近 4 倍。由于往往需要数以百计的高能耗服务器同时运转，因此维持生成式 AI 基础设施的成本远高于常规的网络服务器。OpenAI 拥有多少台服务器以及消耗了多少电力并未公开。但众所周知，微软拥有世界上最大规模的数据中心。

224

即使想要在日本独立构建一个与 OpenAI 相同规模的生成式 AI，要准备达到要求的基础设施也非易事。

大型咨询公司麦肯锡在其报告中指出，预计到 2030 年，在美国的数据中心的运营和管理消耗的电力量将是 2022 年的两倍（从 1.7 万兆瓦增加到 3.5 万兆瓦）。这个预测不包括生成式 AI，而是指代所有类型的数据中心耗能。如果将生成式 AI 的需求加入进来，对电力的需求很可能将进一步扩大。

225

即使是目前投入大量电力资源的大语言模型，也仍然无法达到像人类一样的能力。因此，有观点指出，单纯继续扩大规模的路径行不通。

如何构建可持续的生成式 AI

2023 年 5 月，微软与初创电力公司海里恩能源[1]签订合同。这家独角兽企业正在研究核聚变发电，与一般的核电不同，核聚变发电不会产生高水平放射性废料，停止运行也更简单。用于发电的燃料是可以从海水中提取的重氢和稀有的氚元素。而其二氧化碳排放量与核电站相同，远远小于火力发电站等设施。

该公司计划最晚 2028 年开始商业发电，并计划于 2029 年前向微软供应兆瓦级的电力。微软此前定下目标，预计到 2030 年实现“全面终止购买碳能源”，此次与从事核聚变发电这一“梦想发电技术”的海里恩能源签订合同也是出于这一考虑。倘若真能实现核聚变能源供应，那么通用人工智能时代所需的电力问题也有可能得到解决。

不过，海里恩能源的宏伟计划不一定能够按预期实现。因此对此流程持怀疑态度的人也不在少数。但合同规定如果不能按时供电，这家公司将向微软赔付违约金，所

1　海里恩能源（Helion Energy），美国高科技能源产业。

以至少其对履行合同抱有一定的信心。

即使可以实现核聚变发电，服务器维护问题，以及电力消耗的无限增长问题也十分严峻，因为这些问题最后都将转嫁到服务价格上。

不得不说，生成式 AI 面临的最大挑战是确保收益覆盖运营成本。如今在绝对的可能性面前，该计划遭受挫折也实属正常。

OpenAI 提供的付费服务 ChatGPT Plus，用户每人每月需缴费 20 美元，微软的 Microsoft 365 Copilot 服务提供给使用其办公软件的企业，每月收费 30 美元。这两项服务都相对昂贵，采取的都不是面向个人的薄利多销模式。这是因为从结果上来说，这些服务成本较高，服务提供商希望在限制使用量的同时确保收益稳定。

227

毫无疑问，无论是追求更智能的生成式 AI，还是追求更先进的通用人工智能，为了实现商业上的成功，成本的“可持续”和环境的“可持续”都至关重要。

因此，如何在更小的模型以及更小的计算负载实现充足的性能，也成为一个重要议题。Meta 公开的大语言模型 Llama2 旨在于紧凑的环境中运行，如果使用受限的小模型，Llama2 甚至可以运行在智能手机上。谷歌的 PaLM2 同样以灵活构建模型大小为特点，从用于大型服务器到构建能在智能手机上运行的模型，PaLM2 的应用范围十分广阔。

此外，2023 年 7 月，科技企业日本电气宣布已经开发出专门处理日语的大语言模型。该大语言模型在处理日语方面的能力优于国外的模型，规模仅有国外竞争对手的 1/13。另外，国外的大语言模型必须依赖高性能的 AI 服务器才能充分发挥能力，而 NEC 设计的模型则可以在几十万日元的游戏电脑或商务电脑上顺畅运行。

228

上述动向显现出了一种趋势，即不完全依赖大型服务器，而是将 AI 分散在各类设备中运行。

通用人工智能的梦想十分宏伟，但如果将生成式 AI 作为工具使用，那未来并非所有的生成式 AI 都会被替换成通用人工智能，AI 的开发必须符合现实资源。在这一过程中，各方都将探索 AI 在商业上的实现路径。

像日语大语言模型这样针对特定国家的 AI 服务，以及各企业、各服务专用的 AI 服务，也许是有别于简单的“大型化”的一种可能样态。

最终，围绕商业与环境问题，生成式 AI 的进化之路，将继续在两者的“可持续性”与自身未来的可能性之间摇摆不定。

结　语

撰写一本关于生成式 AI 的书籍非常之难。

技术发展速度快，使用技术的企业变化同样迅速，以至于你认为是最新的东西往往已经变得过时。

本书可能就是这样一个例子。即使仅仅过了几年，读者也可能会说：“我没有意识到人们当时还在为这个问题纠结”或“不需要再讨论这个问题了”。

然而，截至 2023 年 7 月，生成式 AI 已成为一种主要趋势，但每天实际使用相关服务的用户人数仍然很少。这一点有些出人意料。普华永道日本咨询公司对日本公司相关人员进行的一项调查（2023 年 5 月）显示，只有 46% 的受访者了解生成式 AI。而有过实际体验的受访者不到 10%。

230

包括本书在内，市面上不乏关于 AI 题材的著述，虽然媒体机构每天都在不断提供信息，但我们仍处于使用生成式 AI 的早期阶段。这一领域之所以变化如此之快，皆是因为其潜力巨大，吸引了大量资金和人才。

在生成式 AI 领域，日本国内的权威之一，东京大学松尾丰教授表示：“在这一早期阶段，日本紧跟世界的步伐，并且处于领先地位，显得极不寻常。”本书作者对此表示赞同。这听起来可能有些讽刺，但回看过往 20 年的信息技术发展，日本不仅在技术方面，而且在政策、法律和运营方面都紧跟前沿国家，提出讨论和建议草案，而没有落后太多，这种情况确实罕见。

良机转瞬即逝，不容错过。对许多人来说，没有必要了解大语言模型本身的技术演变。但这种技术创新每周都在演变，技术界也在持续讨论，而跟上技术演进的步伐无疑十分重要。

正因如此，希望更多的人了解 AI 的发展历史、基本起源以及关于引入 AI 的相关论争。在面对“一个看起来像人，但又完全不同于人的知识系统”时，对其是否了解就变得至关重要。

231

即使是具有相同思维模式的人，在不同的国家、地区和时代也会产生不同的观点。为了减少冲突，有必要了解对方，认识到什么应该让步，什么不应该让步，并在平等的基础上处理彼此的关系。

就目前而言，人类不太可能与 AI “平起平坐”。但毫无疑问，AI 会不断从人类的互动中学习，积累知识，变得更加聪明。有朝一日通用人工智能真的降临人间，更必须谨慎加以对待。这种技术创新将如何实现？AI 将学习什么？将如何被人类使用？这样的世界已超前于目前的讨论范围。

说起来，本书作者在使用生成式 AI 时，还遇到了一个有趣的现象。

在用“温和语言”和“粗暴语言”下达指令时，前者似乎能得到更令人满意的回应。

生成式 AI 是通过学习许多句子而建立起来的，在此过程中，很可能已经了解了讲解“温和的语言有利于沟通”等内容的文本以及使用这些句子产生的效果等内容。

232

带着这种想法去看社交媒体上用户分享的 ChatGPT 等服务的使用截图，似乎很多命令都带有表示尊敬的用语“请”（please）。

虽然没有任何规定必须对 AI 使用温和的语言，但在工作时无意中对他人使用温和有礼的语言司空见惯，更是人之常情。虽然不知道这种情况会持续多久，但很重要的一点是，在与 AI 合作时，你所做的一切都将反映在人工智能身上。

计算机是一种执行输入、计算和输出的设备。AI 也是如此。

“给 AI 灌输垃圾进去，那么 AI 也只会产出垃圾”（garbage in, garbage out）。请牢记这一原则，由衷希望未来人类能与人工智能建立起良好的合作关系。

西田宗千佳

2023 年 7 月

参考资料

注：相关网络链接有效期截至2023年7月，可能存在现已无法登录的情况。

第一章

- Attention Is All You Need
  https://arxiv.org/abs/1706.03762

第四章

- ネットフリックス『犬と少年』
  https://www.youtube.com/watch?v=J9DpusAZV_0
- 文部科学省「初等中等教育段階における生成人工智能の利用に関する暫定的なガイドライン』の作成について（通知）
  https://www.mext.go.jp/content/20230704mxt_shuukyo02_000003278_003.pdf

第五章

- 2022年6月1日付ワシントン・ポストウェブ版掲載
  The Google engineer who thinks the company's AI has come to life
  https://www.washingtonpost.com/technology/2022/06/11/google-AI-gpt-blake-lemoine/
- The AI Apocalypse:A Scorecard
  https://spectrum.ieee.org/artificial-general-intelligence

结　语

- PwCジャパンによる「生成人工智能に関する実態調査2023」（2023年5月公開）
  https://www.pwc.com/jp/ja/knowledge/thoughtleadership/generative-AI-survey 2023.html

作　者

西田宗千佳，1971 年出生于日本福井县，记者，主要关注计算机、数字影音等领域，以及电子或数据产品，包括网络相关产品，为《朝日新闻》《读卖新闻》《日本经济新闻》《日本商业内参》等媒体撰稿，著有《元宇宙 × 商业革命》（软银创意）、《网飞时代》（讲谈社现代新书）、《云计算》（朝日新书）等多部作品。

译　者

李立丰，吉林大学匡亚明学者，吉林大学理论法学研究中心、法学院教授，博士生导师，日本早稻田大学访问学者、日本关西学院大学客员教授。

校　者

宋婷，吉林大学外国语学院副教授，博士生导师，日本关西学院大学访问学者、日本西南学院大学研修学者。